"十二五"全国高校动漫游戏专业课程权威教材

中文版
After Effects CC

影视特效全实例

尹小港　编著

- **专家编写**
  本书由资深影视后期制作专家结合多年工作经验和设计技巧精心编写而成
- **经典实用**
  8大技术专题讲座，108个经典范例，全面解析影视后期制作全过程
- **光盘教学**
  随书光盘包括视频教学文件、素材文件和效果文件

超值
DVD
教学光盘

1张专业DVD教学光盘快速讲解软件技巧
530分钟演示视频重现实例操作
410多款素材与效果文件

海洋出版社

2015年·北京

内 容 简 介

　　本书是以影视特效设计为内容主题，通过大量精彩的特效设计案例，全面介绍使用 After Effects CC 制作影视特效的方法和技巧的著作。

　　本书采用全实例教学的方式，共分为 13 章，主要内容包括影视素材润饰、高级调色技法、影视文字特效、影视音频特效、影视美术效果、超级粒子效果、绚丽光线特效、模拟自然画面、电子相册制作——《快乐童年》、影视栏目包装——《魅力科技》、商业广告制作——《宝迪莱珠宝》、影视节目片头——《影视频道》、节目片头特效——《新闻 5 分钟》，本书内容丰富，实例经典，读者学习后可以融会贯通、举一反三，制作出更多精彩、完美的效果。

　　本书特色：13 个专题讲解＋108 个经典实例＋410 多个素材效果＋530 多分钟视频教学＋1190 张图片全程图解。

　　适用范围：本书适合作为各类院校影视后期专业 After Effects 基础课程教材，社会影视后期培训班首选教材，广大影视特效制作爱好者实用的自学用书以及刚从事影视后期制作的初、中级读者的参考用书。

图书在版编目(CIP)数据

中文版 After Effects CC 影视特效全实例/尹小港编著. —北京：海洋出版社，2015.1
ISBN 978-7-5027-8982-4

Ⅰ.①中… Ⅱ.①尹… Ⅲ.①图象处理软件 Ⅳ.①TP391.41

中国版本图书馆 CIP 数据核字（2014）第 252913 号

总 策 划：刘 斌	**发 行 部：**（010）62174379（传真）（010）62132549
责任编辑：刘 斌	（010）68038093（邮购）（010）62100077
责任校对：肖新民	**网　　址：**www.oceanpress.com.cn
责任印制：赵麟苏	**承　　印：**北京旺都印务有限公司印刷
排　　版：海洋计算机图书输出中心　申彪	**版　　次：**2015 年 1 月第 1 版
出版发行：海洋出版社	2015 年 1 月第 1 次印刷
地　　址：北京市海淀区大慧寺路 8 号（716 房间）	**开　　本：**787mm×1092mm　1/16
100081	**印　　张：**16
经　　销：新华书店	**字　　数：**384 千字
技术支持：（010）62100055 hyjccb@sina.com	**印　　数：**1～4000 册
	定　　价：68.00 元（含 1DVD）

本书如有印、装质量问题可与发行部调换

本书是一本介绍使用After Effect CC制作影视特效和电视栏目包装技巧的教材，本书按照由浅入深的写作方法，从基础内容开始，以全实例为主，全面详细地讲解影视后期动画的制作技法，帮助读者迅速掌握After Effect CC的使用方法及影视特效的专业制作方法。

本书主要内容

1～5章：介绍了使用After Effect CC软件制作影视素材润饰、高级调色技法、影视文字特效、影视音频特效、影视美术效果等方法与技巧。

6～13章：从不同类型影视特效入手，全面介绍影视特效制作中不同模块和区域的制作，包括超级粒子效果、绚丽光线特效、模拟自然画面、电子相册制作——《快乐童年》、影视栏目包装——《魅力科技》、商业广告制作——《宝迪莱珠宝》、影视节目片头——《影视频道》、节目片头特效——《新闻5分钟》等。

本书主要特色

最完备的功能查询：菜单、命令、选项面板、理论、范例等应有尽有，非常详细、具体，不仅是一本速查手册，更是一本自学、即用手册。

最全面的内容介绍：After Effect CC软件功能结合影视特效实例，介绍全面、详细，让读者快速上手软件使用技巧及影视特效制作技能。

最丰富的案例说明：13个章节内容全面讲解，108个技能实例奉献，以实例讲理论的方式，进行了实战的演绎，让读者可以边学边用。

最细致的选项讲解：大量专家提示，1190多张图片全程图解，让影视特效讲解过程如同庖丁解牛，通俗易懂，快速领会。

最超值的赠送光盘：530多分钟书中所有实例操作重现的演示视频，410多款与书中同步的素材与效果源文件，可以随调随用。

本书细节特色

- **8个专题技术讲座**：本书将After Effects CC在影视特效方面的应用精炼为8个专题技术讲座，包括影视素材润饰、高级调色技法、影视文字特效、影视音频特效、影视美术效果、超级粒子效果、绚丽光线特效、模拟自然画面。

- **108个技能实例演练**：全书将软件各项内容细分，通过108个范例，帮助读者逐步掌握影视特效制作的核心技能与操作技巧，通过大量的范例实战演练，使新手快速进入高手行列。

- **410个素材效果奉献**：全书使用的素材与制作的效果，共达410多个文件，其中包含300多个素材文件，110多个效果文件，涉及所有影视特效制作类型素材，物超所值。

- **530多分钟视频播放**：书中的所有技能实例的操作，全部录制了带语音讲解的演示视频，重现书中所有技能实例的操作，读者可以结合书本，也可以独立观看视频演示，既轻松方便，又高效学习。

- **1190多张图片全程图解**：本书采用了1190多张图片，对After Effect CC 影视特效制作进行了全程式的图解，使实例的内容变得更通俗易懂，读者可以一目了然，快速领会，大大提高学习的效率。

本书由尹小港编写，参与本书编写与整理的设计人员有：徐春红、严严、覃明揆、高山泉、周婷婷、唐倩、黄莉、张颖、骆德军、张善军、黄萍、周敏、张婉、曾全、李静、黄琳、曾祥辉、穆香、诸臻、付杰、翁丹、刘远东、张喜欣、马昌松、林建忠等。对于本书中的疏漏之处，敬请读者批评指正。

本书及光盘中所采用的素材、照片、图片、模型、赠品等素材，均为所属个人、公司、网站所有，本书引用仅为说明（教学）之用，请读者不要将相关内容用于其他商业用途或网络传播。

编　者

Contents
目录

第1章 影视素材润饰

实例001 基本校色...............................2
实例002 素材调速...............................3
实例003 跟踪运动...............................4
实例004 更换背景...............................6
实例005 基础抠像...............................8
实例006 高级抠像...............................9
实例007 素材补光...............................11

第2章 高级调色技法

实例008 常规校色处理.......................14
实例009 画面色调匹配.......................16
实例010 单色素材处理.......................17
实例011 影视风格校色.......................19
实例012 画面分层校色.......................20
实例013 旧画面效果校色...................22
实例014 水墨画效果...........................23

第3章 影视文字特效

实例015 渐隐文字特效.......................26
实例016 镜头光晕文字特效...............29
实例017 三维立体文字特效...............31
实例018 粒子文字特效.......................34
实例019 路径文字特效.......................38
实例020 激光文字特效.......................41
实例021 炫光文字特效.......................43

第4章 影视音频特效

实例022 音频彩条...............................47
实例023 音量指针...............................48
实例024 音画背景...............................50
实例025 舞动音频线...........................52
实例026 环形音频线...........................54
实例027 音乐闪烁背景.......................56
实例028 音频震动光线.......................57

第5章　影视美术效果

实例029　水墨文字特效..................61　　实例033　卡通贴图特效..................68

实例030　铅笔素描　..................64　　实例034　旧胶片效果..................71

实例031　蜡笔特效..................65　　实例035　手写字..................72

实例032　晕染特效..................67

第6章　超级粒子特效

实例036　烟花特效..................75　　实例040　花瓣飘落..................82

实例037　粒子运动..................77　　实例041　粒子照片打印特效..................84

实例038　粒子光效..................79　　实例042　粒子文字..................87

实例039　粒子汇聚..................81　　实例043　超炫粒子..................90

第7章　绚丽光线特效

实例044　放射光效..................94　　实例048　描边特效..................103

实例045　灵动线条光效..................96　　实例049　光影特效..................105

实例046　光环光效..................98　　实例050　放射光特效..................106

实例047　光带光效..................101　　实例051　旋转光效..................108

第8章　模拟自然画面

实例052　烟雾效果..................111　　实例056　星光闪耀..................118

实例053　破碎特效..................113　　实例057　电闪雷鸣..................120

实例054　雨夜特效..................114　　实例058　雪景效果..................123

实例055　时光飞逝效果..................116　　实例059　逼真水面..................124

第9章 电子相册制作——《快乐童年》

实例060 导入素材文件................128

实例061 制作片头字幕................129

实例062 制作视频画面................134

实例063 制作转场效果................136

实例064 制作缩放效果................138

实例065 制作片尾字幕................141

实例066 制作片尾动画................143

实例067 制作相册音乐................146

实例068 导出电子相册................147

第10章 影视栏目包装——《魅力科技》

实例069 制作镜头1 151

实例070 制作镜头2................155

实例071 制作镜头3................158

实例072 制作镜头4................162

实例073 制作定版................166

实例074 制作蒙版动画................168

实例075 制作图层位置................170

实例076 制作华丽外观文字................172

实例077 制作精工品质文字................174

实例078 制作魅力科技文字................175

实例079 制作英文文字................177

第11章 商业广告制作——《宝迪莱珠宝》

实例080 导入素材文件................181

实例081 制作闪光背景................183

实例082 制作若隐若现效果................185

实例083 创建宣传语字幕................186

实例084 制作宣传语运动效果................188

实例085 创建店名字幕效果................189

实例086 制作店名运动效果................191

实例087 添加广告音乐................193

实例088 添加音乐过渡效果................194

实例089 导出商业广告................196

第12章 影视节目片头——《影视频道》

实例090 导入节目片头素材................199

实例091 制作节目片头画面................200

实例092 制作片头转场特效....................206
实例093 制作"泡沫"特效....................208
实例094 制作"镜头光晕"特效....................212
实例095 制作片头字幕特效....................213

实例096 添加片头背景音乐....................221
实例097 制作背景音乐特效....................222
实例098 导出节目片头视频....................224

第13章 节目片头特效——《新闻5分钟》

实例099 制作背景....................227
实例100 制作素材动画....................228
实例101 制作定版....................230
实例102 制作定版动画....................232
实例103 制作红色动画....................234

实例104 制作蓝色动画....................237
实例105 制作粉色动画....................238
实例106 制作绿色动画....................240
实例107 制作黄色动画....................242
实例108 制作浅蓝色动画....................244

附 录....................247

1

影视素材润饰

学习提示

视频画面一般会出现偏色、光线不足或背景替换的现象，这就需要对画面进行调色和抠图处理。在前期拍摄中，使用蓝底、绿底等纯色背景拍摄出来的视频，可以在影视制作中进行抠像处理，使视频合成更加真实。本章将介绍实际工作中各类调色抠像功能的处理方法。

本章关键实例导航

- 实例001 基本校色
- 实例002 素材调速
- 实例003 跟踪运动
- 实例004 更换背景

- 实例005 基础抠像
- 实例006 高级抠像
- 实例007 素材补光

本实例主要学习"色相\饱和度"特效在画面校色的应用，通过本实例的学习，读者可以深入了解基本校色处理的相关技术。本实例最终效果如图1-1所示。

图1-1　视频效果

素材文件	光盘\素材\第1章\基本校色.jpg
效果文件	光盘\效果\第1章\基本校色.aep
视频文件	光盘\视频\第1章\实例001　基本校色.mp4

01 按【Ctrl＋I】键，导入素材"基本校色"文件，将其拖曳到创建合成图标上后，释放鼠标，系统自动生成创建名为"基本校色"的合成，如图1-2所示。

02 选择"基本校色"图层，单击"效果"→"颜色校正"→"色相\饱和度"命令，添加"色相\饱和度"效果，如图1-3所示。

图1-2　生成"基本校色"合成　　　　　图1-3　添加"色相\饱和度"效果

03 选择"基本校色"图层，在"效果控件"面板中，展开"色相\饱和度"选项区，设置"主色相"为（0×＋37°）、"主饱和度"为25，如图1-4所示。

04 按小键盘上的【0】数字键预览最终效果，如图1-5所示。

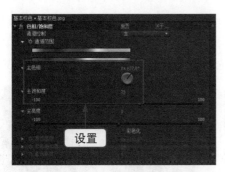

图1-4 设置参数

图1-5 最终效果

Example 实例 002 素材调速

本实例主要学习"时间伸缩"特效的高级应用。通过本实例的学习，读者可以了解"时间伸缩"特效的相关技术，本实例最终效果如图1-6所示。

图1-6 视频效果

素材文件	光盘\素材\第1章\金属质感.mov
效果文件	光盘\效果\第1章\素材调速.aep
视频文件	光盘\视频\第1章\实例002 素材调速.mp4

01 按【Ctrl＋I】键，导入素材"金属质感.mov"文件，将其拖曳到创建合成图标上后，释放鼠标，系统自动生成名为"金属质感"的合成，如图1-7所示。

02 按【Ctrl＋K】键，打开"合成设置"窗口，设置"持续时间"为（0:00:06:00）；选择"金属质感"图层，单击"图层"→"时间"→"时间伸缩"命令，添加"时间伸缩"效果，如图1-8所示。

图1-7 生成"背景"合成

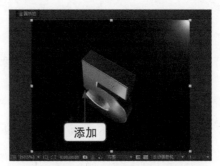

图1-8 添加"时间伸缩"效果

3

03 选择"金属质感"图层，在时间线面板中设置"伸缩"为150.0%，素材为放慢效果，如图1-9所示。

04 按小键盘上的【0】数字键预览最终效果，如图1-10所示。

图1-9　设置参数　　　　　　　　　　　图1-10　视频效果

Example 实例 003 跟踪运动

本实例主要学习"跟踪运动"特效的高级应用。通过本实例的学习，读者可以了解"跟踪运动"的相关技术，本实例最终效果如图1-11所示。

图1-11　视频效果

素材文件	光盘\素材\第1章\荒漠.mov
效果文件	光盘\效果\第1章\素材稳定.aep
视频文件	光盘\视频\第1章\实例003 跟踪运动.mp4

01 按【Ctrl＋I】键，导入素材"荒漠.mov"文件，将其拖曳到创建合成图标上后，释放鼠标，系统自动创建名为"荒漠"的合成，如图1-12所示。

02 选择"荒漠"图层，挑选要修改的镜头，在第4秒22帧处按【Alt＋[】键，切断前面的素材，如图1-13所示。

03 选择"荒漠"图层，设置其图层入点在第0帧处，如图1-14所示。

04 选择"荒漠"图层，单击"动画"→"跟踪运动"命令，添加"跟踪运动"效果，如图1-15所示。

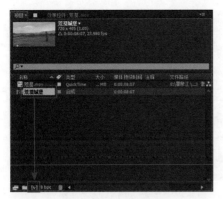

图1-12 新建图层

图1-13 切断素材

图1-14 设置入点

图1-15 添加"跟踪运动"效果

05 选择"荒漠"图层,在"跟踪器"面板中,单击"稳定运动"选项,自动设置"运动源"为"荒漠.mov",如图1-16所示。

06 选择"荒漠"图层,在弹出的"图层"面板中,设置"位置"的跟踪点,如图1-17所示。

图1-16 设置参数

图1-17 设置参数

07 选择"荒漠"图层,在"跟踪器"面板中,选中"旋转"复选框,在弹出的"图层"面板中设置"旋转"跟踪点,如图1-18所示。

08 选择"荒漠"图层,将时间调整到第0帧的位置,在"跟踪器"面板中单击"向前分析"按钮,如图1-19所示。

图1-18　设置参数

图1-19　单击"向前分析"按钮

⑨　单击"应用"选项，在弹出的"动态跟踪器应用选项"对话框中设置"应用维度"为"X和Y"，如图1-20所示。预览效果如图1-21所示。

图1-20　设置参数

图1-21　视频效果

⑩　选择"荒漠"图层，按【S】键，设置"缩放"数值为（190.0,190.0%），效果如图1-22所示。

⑪　按小键盘上的【0】数字键预览最终效果，如图1-23所示。

图1-22　效果图

图1-23　视频效果

Example 实例 ○○4 **更换背景**

　　本实例主要学习"颜色键"效果的应用。通过本实例的学习，读者可以了解画面背景的更换技术，本实例最终效果如图1-24所示。

图1-24　视频效果

素材文件	光盘\素材\第1章\背景.jpg、电视广告.jpg
效果文件	光盘\效果\第1章\更换背景.aep
视频文件	光盘\视频\第1章\实例004 更换背景.mp4

01 按【Ctrl＋I】键，导入素材"背景.jpg"和"电视广告.jpg"文件，将"电视广告.jpg"素材拖曳到创建合成图标上后，释放鼠标，系统自动创建名为"电视广告"的合成，如图1-25所示。

02 选择"电视广告"图层，单击"效果"→"键控"→"颜色键"命令，添加"颜色键"效果，如图1-26所示。

图1-25　新建图层　　　　　　　　　图1-26　添加"颜色键"效果

03 选择"电视广告"图层，展开"颜色键"选项区，将"主色"键右侧的吸管放在"电视广告"图层的白色背景上，设置"颜色容差"为35、"羽化边缘"为5，如图1-27所示。

04 在"项目"面板中，选择"背景.jpg"素材并将其拖曳到"电视广告"合成时间线面板中，如图1-28所示。

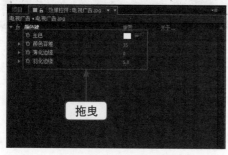

图1-27　设置参数　　　　　　　　　图1-28　拖曳图层

05 选择"背景"图层，按【P】键设置"位置"为（400.0,280.0）；按【S】键，在第0帧处设置"缩放"为（75.0,75.0%）；在第3秒24帧处设置"缩放"为（80.0,80.0%），如图1-29所示。

06 按小键盘上的【0】数字键预览最终效果，如图1-30所示。

图1-29 设置参数   图1-30 视频效果

专家课堂 |||||||||||||||||||||||||||||||||||||||||||||||||||||||||||||||||

"颜色键"可以使图片背景抠像变成空白，从而重新替换背景。

Example 实例 005 **基础抠像**

本实例主要学习"颜色范围"特效抠像的应用。通过本实例的学习，读者可以了解基础抠像方面的技术，本实例最终效果如图1-31所示。

图1-31 最终效果

素材文件	光盘\素材\第1章\郁金香.jpg
效果文件	光盘\效果\第1章\基础抠像.aep
视频文件	光盘\视频\第1章\实例005 基础抠像.mp4

01 按【Ctrl+I】键，导入素材"郁金香"文件，将其拖曳到创建合成图标上后，释放鼠

标，系统自动创建名为"郁金香"的合成，如图1-32示。

02 选择"郁金香"图层，单击"效果"→"键控"→"颜色范围"命令，添加"颜色范围"效果，如图1-33所示。

图1-32 新建合成　　　　　　　　　　图1-33 添加"颜色范围"效果

03 选择"郁金香"图层，在"效果控件"面板中展开"颜色范围"选项区，选取吸取工具，在"合成"窗口中的白色区域上单击鼠标左键吸取白色，并设置"模糊"为100，如图1-34所示。

04 按小键盘上的【0】数字键预览最终效果，如图1-35所示。

图1-34 设置参数　　　　　　　　　　图1-35 视频效果

专家课堂

　　"颜色范围"特效可以给图片抠像，从而得到想要的图像。

Example **实例** 006 **高级抠像**

　　本实例主要通过Key Light1.2特效配合相关动态素材完成高级抠像。通过本实例的学习，读者可以了解Key Light1.2特效，本实例最终效果如图1-36所示。

图1-36　视频效果

素材文件	光盘\素材\第1章\背景.jpg、爆炸人物素材.mov
效果文件	光盘\效果\第1章\高级抠像.aep
视频文件	光盘\视频\第1章\实例006　高级抠像.mp4

01 按【Ctrl＋I】键，导入素材"背景"和"爆炸人物素材"文件，按【Ctrl＋N】键新建合成，设置"合成名称"为"背景"、"宽度"为720px、"高度"为480px、"持续时间"为（0:00:05:01）、"颜色"为黑色，单击"确定"按钮，如图1-37所示。

02 选择"背景"和"爆炸人物"素材，将其拖曳到"背景"合成时间线面板中，选择"背景"图层，设置"缩放"为（30.8,30.8%），如图1-38所示。

图1-37　新建合成　　　　　　　　　　图1-38　设置参数

03 选择"爆炸人物"图层，使用钢笔工具绘制一个蒙版，如图1-39所示。

04 选择"爆炸人物"图层，单击"效果"→"键控"→KeyLight1.2命令，添加KeyLight1.2效果，如图1-40所示。

图1-39　绘制蒙版　　　　　　　　　　图1-40　添加KeyLight1.2效果

05 选择"爆炸人物"图层，在"效果控件"面板中展开KeyLight1.2选项区，在"合成"窗口中的绿色区域上选择"Screen Color（场景颜色）"右侧的吸管工具吸取绿色，并设置"Screen Gain（屏幕增益）"为100.0，效果如图1-41所示。

06 展开"Screen Matte（屏幕抠像后的蒙版）"选项区，设置"Clip Black（清理黑色）"为17.0、"Screen Despot White（清理灰点）"为4.0，效果如图1-42所示。

图1-41　效果图　　　　　　　　　　图1-42　效果图

07 按小键盘上的【0】数字键预览最终效果，如图1-43所示。

图1-43　视频效果

Example 实例 007 素材补光

本实例主要通过"曲线"特效将一个暗色场景补光。通过本实例的学习，读者可以了解素材补光的技术，本实例最终效果如图1-44所示。

图1-44　视频效果

素材文件	光盘\素材\第1章\影视画面.jpg
效果文件	光盘\效果\第1章\素材补光.aep
视频文件	光盘\视频\第1章\实例007 素材补光.mp4

01 按【Ctrl+I】键，导入素材"影视画面.jpg"文件，将其拖曳到创建合成图标上后，释放鼠标，系统自动生成创建名为"影视画面"的合成，如图1-45所示。

02 选择"影视画面"图层，单击"效果"→"颜色校正"→"曲线"命令，添加"曲线"效果，如图1-46所示。

图1-45 新建合成

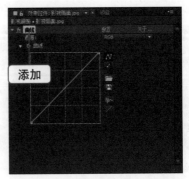

图1-46 添加"曲线"效果

03 选择"影视画面"图层，在"效果控件"面板中展开"曲线"选项区，设置RGB通道调整曲线形状，如图1-47所示。

04 选择"影视画面"图层，单击"效果"→"颜色校正"→"亮度和对比度"命令，添加"亮度和对比度"效果，如图1-48所示。

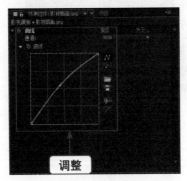

图1-47 调整曲线

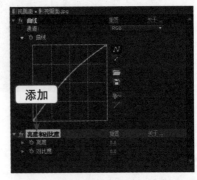

图1-48 添加"亮度和对比度"效果

05 选择"影视画面"图层，在"效果控件"面板中展开"亮度和对比度"选项区，设置"亮度"为5.0、"对比度"为10.0，如图1-49所示。

06 按小键盘上的【0】数字键预览最终效果，如图1-50所示。

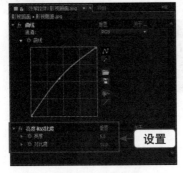

图1-49 设置参数

图1-50 视频效果

2 高级调色技法

学习提示

在影视制作中，前期拍摄出来的图片由于受到自然环境、光照和设备等客观因素的影响，拍摄出来的画面常常与真实效果有一定的偏差。一般会出现偏色、曝光不足或者是曝光过度的现象，这就需要对画面进行调色处理，最大限度地还原它的本来面目，本章将介绍实际工作中各类调色功能的处理方法。

本章关键实例导航

- 实例008 常规校色处理
- 实例009 画面色调匹配
- 实例010 单色素材处理
- 实例011 影视风格校色
- 实例012 画面分层校色
- 实例013 旧画面效果校色
- 实例014 水墨画效果

Example 实例 008 **常规校色处理**

　　本实例主要学习"曲线"特效在画面校色以及"快速模糊"特效模拟景深效果方面的综合应用，通过本实例的学习，读者可以深入了解常规画面校色处理的相关技术。本实例最终效果如图2-1所示。

图2-1　视频效果

素材文件	光盘\素材\第2章\红色跑车.jpg
效果文件	光盘\效果\第2章\常规校色处理.aep
视频文件	光盘\视频\第2章\实例008　常规校色处理.mp4

01 按【Ctrl+I】键，导入素材"红色跑车"文件，将其拖曳到创建合成图标上后，释放鼠标，系统自动生成创建名为"红色跑车"的合成，如图2-2所示。

02 选择"红色跑车"图层，按【Ctrl+D】键复制出一个图层，设置复制出的图层的"叠加模式"为"屏幕"，设置"不透明度"为50%；单击"图层"→"新建"→"调整图层"命令，创建一个调整图层，将其命名为"曲线调整"，如图2-3所示。

图2-2　生成"红色跑车"合成　　　　　　图2-3　新建"曲线调整"图层

03 选择"曲线调整"图层，单击"特效"→"颜色校正"→"曲线"命令，展开"曲线"选项区，"红色通道"参数如图2-4所示、"蓝色通道"参数如图2-5所示。

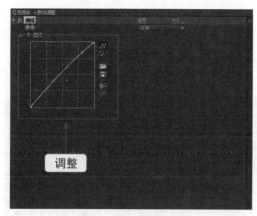

图2-4 调整红色通道

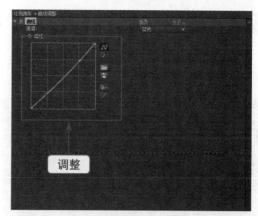

图2-5 调整蓝色通道

04 单击"图层"→"新建"→"调整图层"命令，创建一个调整图层，将其命名为"视觉中心模糊"，并为其添加一个蒙版特效；设置"蒙版羽化"为（60.0,60.0）像素、"叠加模式"为"相减"；单击"特效"→"模糊和锐化"→"快速模糊"命令，设置"模糊度"为10.0，选中"重复边缘像素"复选框，如图2-6所示。

05 单击"图层"→"新建"→"纯色"命令，创建一个固态层，设置"名称"为"压角控制"、"颜色"为黑色；选择"压角控制"图层，添加一个"蒙版"效果，设置蒙版的"叠加模式"为"相减"、"蒙版羽化"为（100.0,100.0）像素、"蒙版扩展"为85.0像素，如图2-7所示。

06 按小键盘上的【0】数字键预览最终效果，如图2-8所示。

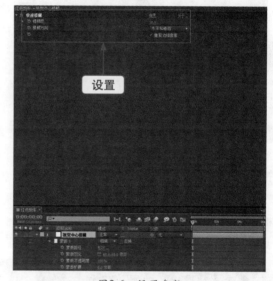

图2-6 设置参数

图2-7 效果图

图2-8 最终效果

Example 实例 009 画面色调匹配

本实例主要学习色彩修正工具"色阶"特效的高级应用。通过本实例的学习，读者可以了解画面色调匹配的相关技术，本实例最终效果如图2-9所示。

图2-9 视频效果

素材文件	光盘\素材\第2章\背景.jpg、眼睛.jpg
效果文件	光盘\效果\第2章\画面色调匹配.aep
视频文件	光盘\视频\第2章\实例009 画面色调匹配.mp4

01 按【Ctrl+I】键，导入素材"背景"文件，将其拖曳到创建合成图标上后，释放鼠标，系统自动创建名为"背景"的合成，如图2-10所示。

02 按【Ctrl+I】键，导入素材"眼睛"文件，并将其拖曳到"背景"图层的时间线上，设置"眼睛"图层的"位置"为（870.0,170.0）；选择"背景"图层，添加一个蒙版特效；设置"蒙版1"图层的"叠加模式"为"相加"、"蒙版羽化"为（100.0,100.0）像素，如图2-11所示。

图2-10 生成"背景"合成   图2-11 设置参数

03 选择"眼睛"图层，单击"效果"→"颜色校正"→"色阶"命令，设置"红色通道"的"红色灰度系数"为1.90、"绿色通道"的"绿色灰度系数"为0.80、"蓝色通道"的"蓝色灰度系数"为0.65、"RGB通道"的"灰度系数"为1.50，效果如图2-12所示。

04 按小键盘上的【0】数字键预览最终效果，如图2-13所示。

图2-12 设置"色阶"参数　　　　　　　　图2-13 视频效果

Example 实例 010 单色素材处理

　　本实例主要学习Magic Bullect Mojo特效的高级应用。通过本实例的学习，读者可以了解画面单色处理的相关技术，本实例最终效果如图2-14所示。

图2-14 视频效果

素材文件	光盘\素材\第2章\跑车.jpg
效果文件	光盘\效果\第2章\单色素材处理.aep
视频文件	光盘\视频\第2章\实例010 单色素材处里.mp4

01 按【Ctrl＋I】键，导入素材"跑车"文件，将其拖曳到创建合成图标上后，释放鼠标，系统自动生成创建名为"跑车"的合成，如图2-15所示。

02 选择"跑车"图层，单击"效果"→"Magic Bullet Mojo（魔力）"→Mojo命令；在"效果控件"面板中展开Mojo选项区，设置Mojo为0.00、Bleach It（饱和度控制）为−15.00、Skin Color（肤色单独显示）为0.00，效果如图2-16所示。

图2-15 新建图层　　　　　　　　图2-16 效果图

专家课堂 |||||||||||||||||||||||||||||||||||||||||||||||||||||||||||

　　Magic Bullet Mojo（魔力）特效是来自外部的插件，本书包括的插件还有3D Stroke（3D 描边）、Shine（发光）、From（形状）、Particular（粒子）、Knoll Light Factory（灯光工厂）、Starglow（星光闪耀），这些插件的具体安装方法可以参考本书的附录部分。

03 单击"图层"→"新建"→"调整图层"命令，创建一个调整图层，并将其命名为"模糊"；选择"模糊"图层，添加一个蒙版效果，设置"蒙版1"图层的"叠加模式"为"相减"、"蒙版羽化"为（50.0,50.0）像素；选择"模糊"图层，单击"效果"→"模糊和锐化"→"快速模糊"命令，设置"模糊度"为5.0，选中"重复边缘像素"复选框，如图2-17所示。

04 单击"图层"→"新建"→"调整图层"命令，创建一个调整图层，将其命名为"色阶"；选择"色阶"图层，单击"效果"→"颜色校正"→"色阶"命令，设置"灰度系数"为0.75，如图2-18所示。

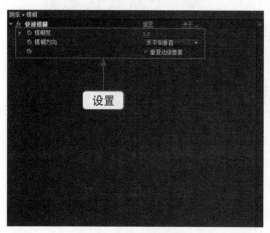

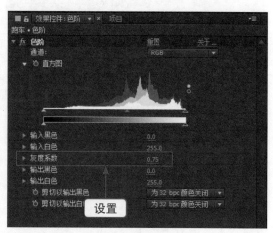

图2-17　设置参数　　　　　　　　　　　图2-18　设置参数

05 按小键盘上的【0】数字键预览最终效果，如图2-19所示。

图2-19　视频效果

本实例主要学习"色调"效果、"颜色平衡"效果和"曲线"效果的应用。通过本实例的学习，读者可以了解影视处理中的色调技术，本实例最终效果如图2-20所示。

图2-20　视频效果

素材文件	光盘\素材\第2章\城市的脚步.jpg
效果文件	光盘\效果\第2章\影视风格校色.aep
视频文件	光盘\视频\第2章\实例011 影视风格校色.mp4

01 按【Ctrl＋I】键，导入素材"城市的脚步"文件，将其拖曳到创建合成图标上后，释放鼠标，系统自动生成创建名为"城市的脚步"的合成，如图2-21所示。

02 选择"城市的脚步"图层，单击"效果"→"颜色校正"→"色调"命令，设置"着色数量"为50.0%，如图2-22所示。

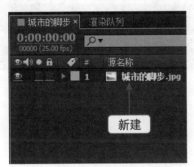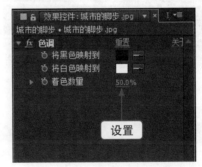

图2-21　新建图层　　　　　　　图2-22　设置参数

03 选择"城市的脚步"图层，单击"效果"→"颜色校正"→"曲线"命令，展开"曲线"选项区，设置RGB通道曲线调整，设置红色通道曲线调整，设置蓝色通道曲线调整；选择"城市的脚步"图层，单击"效果"→"颜色校正"→"色调"命令，展开"色调"选项区，设置"着色数量"为60.0%，效果如图2-23所示。

04 选择"城市的脚步"图层，单击"效果"→"颜色校正"→"颜色平衡"命令，展开"颜色平衡"选项区，设置"阴影红色平衡"为13.0、"阴影绿色平衡"为6.0、"阴影蓝色平衡"为23.0、"中间调红色平衡"为2.0、"中间调绿色平衡"为21.0、"中间调蓝色平衡"为－2.0、"高光红色平衡"为0.0、"高光绿色平衡"为6.0、"高光蓝色平衡"为20.0，效果如图2-24所示。

图2-23 效果图

图2-24 效果图

05 单击"图层"→"新建"→"调整图层"命令，创建一个调整图层；选择该图层，使用钢笔工具绘制出一个蒙版，设置"蒙版羽化"为（100.0,100.0）像素、蒙版1的"叠加模式"为"相减"；选择"调整图层1"图层，单击"效果"→"模糊和锐化"→"快速模糊"命令，设置"模糊度"为5.0、选中"重复边缘像素"复选框，效果如图2-25所示。

06 按小键盘上的【0】数字键预览最终效果，如图2-26所示。

图2-25 效果图

图2-26 视频效果

Example 实例 **012 画面分层校色**

本实例主要通过分层设置的方式将一个普通的场景素材进行局部校色。通过本实例的学习，读者可以了解画面分层校色方面的技术，本实例最终效果如图2-27所示。

图2-27 最终效果

素材文件	光盘\素材\第2章\校色.jpg
效果文件	光盘\效果\第2章\画面分层校色.aep
视频文件	光盘\视频\第2章\实例012 画面分层校色.mp4

01 按【Ctrl＋I】键，导入素材"校色"文件，将其拖曳到创建合成图标上后，释放鼠标，系统自动生成创建名为"校色"的合成，如图2-28示。

02 按【Ctrl＋Y】键，创建一个固态层，设置"名称"为Sky、"颜色"为蓝色（B8F1FF），单击"确定"按钮，如图2-29所示。

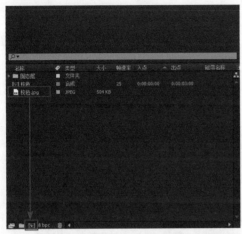

图2-28　新建合成

图2-29　新建固态层

03 选择Sky图层，使用钢笔工具创建出一个蒙版；选择Sky图层，设置图层的"不透明度"为13%、"叠加模式"为"颜色减淡"，如图2-30所示。

04 按【Ctrl＋Y】键创建一个固态层，设置"名称"为Green、"颜色"为绿色（7EBF00），单击"确定"按钮，如图2-31所示。

图2-30　设置参数

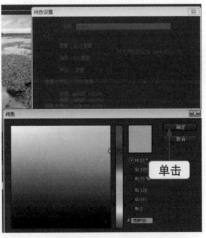

图2-31　新建固态层

05 选择Green图层，使用钢笔工具创建出一个蒙版；选择Green图层，设置"不透明度"为30%、"叠加模式"为"颜色减淡"，效果如图2-32所示。

06 按小键盘上的【0】数字键预览最终效果，如图2-33所示。

图2-32 效果图　　　　　　　　　图2-33 视频效果

Example 实例 013 旧画面效果校色

本实例主要通过"三色调"特效配合相关动态素材完成画面校色。通过本实例的学习，读者可以了解模拟旧画面效果的技术，本实例最终效果如图2-34所示。

图2-34 视频效果

素材文件	光盘\素材\第2章\房地产.jpg
效果文件	光盘\效果\第2章\旧画面效果校色.aep
视频文件	光盘\视频\第2章\实例013 旧画面效果校色.mp4

01 按【Ctrl+I】键，导入素材"房地产"文件，将其拖曳到创建合成图标上后，释放鼠标，系统自动生成创建名为"房地产"的合成，如图2-35所示。

02 选择"房地产"图层，单击"效果"→"颜色校正"→"三色调"命令，添加"三色调"效果，如图2-36所示。

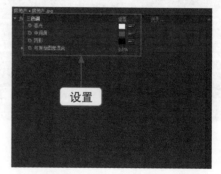

图2-35 新建合成　　　　　图2-36 添加"三色调"效果

03 选择"房地产"图层，依次单击"效果"→"颜色校正"→"色阶"命令和单击"效果"→"模糊和锐化"→"复合模糊"命令，设置"灰度系数"为1.20、"最大模糊"为0.5，如图2-37所示。

04 按【Ctrl＋I】键，导入素材"划纹02"文件，并将其拖曳到"房地产"合成的时间线上，设置该图层的"叠加模式"为"屏幕"、"缩放"为（90.0，90.0%）、"不透明度"为30%，如图2-38所示。

图2-37　设置参数　　　　　　　　　　　图2-38　设置参数

05 选择"划纹02"图层，设置"伸缩"为150%，如图2-39所示。

06 按小键盘上的【0】数字键预览最终效果，如图2-40所示。

图2-39　设置参数　　　　　　　　　　　图2-40　视频效果

Example 实例 014 水墨画效果

　　本实例主要学习将一个普通的场景素材调节成水墨画效果的方法。通过本实例的学习，读者可以了解水墨画风格的校色技术，本实例最终效果如图2-41所示。

素材文件	光盘\素材\第2章\水墨画.jpg
效果文件	光盘\效果\第2章\水墨画效果.aep
视频文件	光盘\视频\第2章\实例014 水墨画效果.mp4

图2-41　视频效果

01 按【Ctrl+I】键，导入素材"水墨画"文件，将其拖曳到创建合成图标上后，释放鼠标，系统自动生成创建名为"水墨画"的合成，如图2-42所示。

02 选择"水墨画"图层，依次单击"效果"→"颜色校正"→"色相/饱和度"命令和"效果"→"风格化"→"查找边缘"命令；展开"色相/饱和度"选项区，设置"主饱和度"为－100.0；展开"查找边缘"选项区，设置"与原始图像混合"为80%，如图2-43所示。

图2-42　新建合成

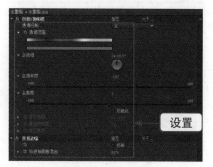

图2-43　设置参数

03 选择"水墨画"图层，单击"效果"→"风格化"→"发光"命令，在"效果控件"面板中展开"发光"选项区，设置"发光阈值"为80.0%、"发光半径"为15.0、"发光强度"为0.3，如图2-44所示。

04 选择"水墨画"图层，单击"效果"→"模糊和锐化"→"高斯模糊"命令，设置"模糊度"为2.0，如图2-45所示。

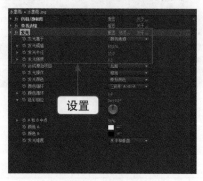

图2-44　设置参数

图2-45　设置参数

05 使用横排文字工具，创建"两岸青山相对出，孤帆一片日边来"文字，设置文字的"字体系列"为"书体坊米芾体"、"字体大小"为40像素、"字符间距"为250、"颜色"为黑色，调整文字位置，如图2-46所示。

06 按小键盘上的【0】数字键预览最终效果，如图2-47所示。

图2-46　设置参数

图2-47　视频效果

3 影视文字特效

学习提示

在电影、电视剧、影视广告、MV及宣传等视觉产品中，文字特效可以补充画面信息，通常被设计师作为视觉设计的辅助元素。本章主要介绍实际工作中各类文字特效的制作方法。

本章关键实例导航

- 实例015 渐隐文字特效
- 实例016 镜头光晕文字特效
- 实例017 三维立体文字特效
- 实例018 粒子文字特效
- 实例019 路径文字特效
- 实例020 激光文字特效
- 实例021 炫光文字特效

Example 实例 015 渐隐文字特效

本实例主要学习利用"不透明度"属性制作文字效果的方法。通过本实例的学习，读者可以了解"不透明度"属性的实际应用。本实例最终效果如图3-1所示。

图3-1 视频效果

素材文件	光盘\素材\第3章\背景.jpg
效果文件	光盘\效果\第3章\渐隐文字特效.aep
视频文件	光盘\视频\第3章\实例015 渐隐文字特效.mp4

01 执行菜单栏中的"合成"→"新建合成"命令，打开"合成设置"对话框，设置"合成名称"为"输入文字"，"宽度"为720，"高度"为480，"帧速率"为25，并设置"持续时间"为0:00:05:00，如图3-2所示。

02 执行菜单栏中的"文件"→"导入"→"文件"命令，打开"导入文件"对话框，选择"背景"素材，如图3-3所示。

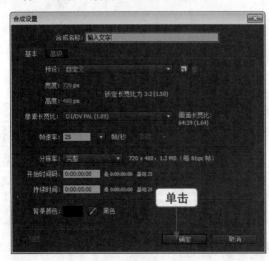

图3-2 新建合成   图3-3 选择"背景"素材

03 单击"导入"按钮，将"背景"素材导入到"项目"面板中，如图3-4所示。

04 在"项目"面板中，选择"背景"素材，将其拖曳到合成的时间线面板中，如图3-5所示。

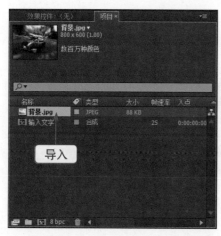

图3-4 导入到"项目"面板中

图3-5 拖曳至时间线面板

05 单击工具栏中的"直排文字工具"按钮,选择文字工具,如图3-6所示。

06 在合成窗口中单击并输入文字"风驰天下",调整文字位置,如图3-7所示。

图3-6 选择文字工具

图3-7 调整文字位置

07 在"字符"面板中,设置文字的字体为"创艺繁隶书",字符的大小为90像素,字体的填充颜色为白色,如图3-8所示。

08 在时间线面板中选择"风驰天下"层,按【Enter】键将该图层重命名为"文字"层,如图3-9所示。

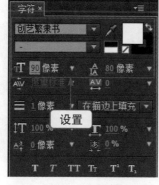

图3-8 设置参数

图3-9 重命名图层

09 将时间线拖曳到0:00:00:00帧的位置，如图3-10所示。

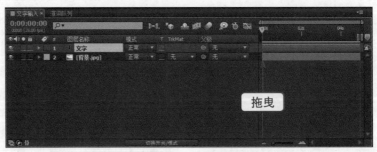

图3-10　拖曳时间线

10 展开"文字"层，单击"文本"右侧的三角形按钮，从菜单中选择"不透明度"命令，设置"不透明度"的值为0%，如图3-11所示。

11 展开"范围选择器1"，单击"偏移"左侧的码表按钮，设置关键帧，如图3-12所示。

图3-11　设置"不透明度"参数

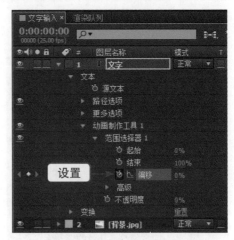

图3-12　设置关键帧

12 将时间线调到0:00:04:00帧的位置，设置"偏移"的值为100，系统会自动添加关键帧，如图3-13所示。

13 按空格键预览最终效果，如图3-14所示。

图3-13　添加关键帧

图3-14　最终效果

Example 实例 016 镜头光晕文字特效

本实例主要学习使用文字的自定义动画和"镜头光效"完成"镜头光晕"文字效果的方法。通过本实例的学习，读者可以深入了解文字动画的核心制作。本实例最终效果如图3-15所示。

图3-15　视频效果

素材文件	无
效果文件	光盘\效果\第3章\镜头光晕文字特效.aep
视频文件	光盘\视频\第3章\实例016 镜头光晕文字特效.mp4

01 单击"合成"→"新建合成"命令，创建一个预置的PAL D1/DV合成，设置"合成名称"为"镜头光晕文字特效"、"持续时间"为（0:00:03:01）秒，如图3-16所示。

02 单击"图层"→"新建"→"纯色"命令，创建出一个新的固态层，设置"名称"为"背景"、"颜色"为绿色（0D4B1A）；单击"图层"→"新建"→"纯色"命令，创建一个新的固态层，设置"名称"为"遮罩"、"颜色"为黑色；为该图层添加一个"蒙版"效果，按【F】键，设置蒙版1的"叠加模式"为"相减"、"蒙版羽化"为（200.0,200.0）像素、选择"遮罩"图层，设置"缩放"为（113.0,113.0%），如图3-17所示。

图3-16　创建"镜头光晕文字特效"图层　　　图3-17　设置"蒙版"图层参数

03 执行上述操作后预览效果，如图3-18所示。

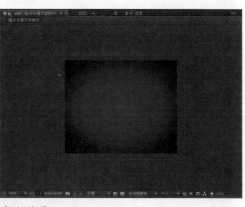

图3-18　预览视频效果

04 使用横排文字工具创建一个"视频设计专家"文字图层，设置"视频设计"文字的"字体系列"为"方正粗倩简体"、"字体大小"为60像素，设置"专家"文字的"字体大小"为40像素、"行间距"为160，字体使用"在描边上填充"的格式，"颜色"为白色，如图3-19所示。

05 展开文字图层，设置自定义动画属性，按顺序添加"缩放"、"不透明度"、"填充颜色"和"模糊"选项，如图3-20所示。

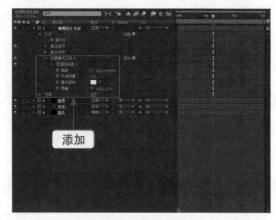

图3-19　设置参数　　　　　　　　图3-20　添加4个属性

06 修改上一步添加的属性参数，设置"缩放"为400.0%、"不透明度"为0%、"填充颜色"为浅黄色（FBFC9E）、"模糊"为100.0；在"高级"选项区中设置"依据"为"不包含空格字符"选项、"形状"类型为"下斜坡"选项、"缓和低"为100%，在第0帧处设置"偏移"为100%，在第1秒10帧处设置"偏移"为－100%，开启图层的运动模糊，如图3-21所示。

07 单击"图层"→"新建"→"纯色"命令，创建一个新的固态层，设置"名称"为"镜头"、"颜色"为黑色；选择"镜头"图层，单击"效果"→"生成"→"镜头光晕"命令，设置"镜头类型"为"105毫米定焦"；单击"效果"→"颜色校正"→"色相/饱和度"命令，选中"彩色化"复选框，设置"着色色相"为（0×＋126°）、"着色饱和度"为0，设置"镜头"图层的"叠加模式"为"相加"模式，如图3-22所示。

图3-21　设置参数

图3-22　设置参数

08 选择"镜头"图层，在"效果控件"面板中展开"镜头光晕"选项区，在第0帧处设置"光晕中心"为（－218.0,280.0），在第1秒10帧处设置"光晕中心"为（988.0,280.0），在第1秒05帧处设置"不透明度"为100%，在第1秒15帧处设置"不透明度"为0%，如图3-23所示。

09 按小键盘上的【0】数字键预览最终效果，如图3-24所示。

图3-23　设置"不透明度"参数

图3-24　视频效果

Example 实例 017 三维立体文字特效

本实例主要学习使用文本图层的"图层样式"完成具有立体感的文字制作，利用"扫光特效"完成定版文字扫光的效果制作。通过本实例的学习，读者可以了解图层样式在实际工作中的具体作用。本实例最终效果如图3-25所示。

图3-25　视频效果

素材文件	无
效果文件	光盘\效果\第3章\三维立体文字特效.aep
视频文件	光盘\视频\第3章\实例017 三维立体文字特效.mp4

01 单击"合成"→"新建合成"命令，创建一个预置的PAL D1/DV合成，设置"合成名称"为"文字层"、"持续时间"为（0:00:03:00）秒，如图3-26所示。

02 使用横排文字工具创建文字"文艺文化"和"ARTS CHANNEL"，设置"字体系列"为"方正粗倩简体"，设置"文艺文化"文字的"字体大小"为72像素、添加"仿粗体"样式，设置"ARTS CHANNEL"文字的"字体大小"为35像素，如图3-27所示。

图3-26 新建图层

图3-27 创建文字

03 选择"文艺文化"图层，单击"图层"→"图层样式"→"渐变叠加"命令，依次展开"文艺文化"→"图层样式"→"渐变叠加"选项区，设置"角度"为（0×＋90°），如图3-28所示。

04 单击"颜色"选项右侧的"编辑渐变"链接，弹出"渐变编辑器"对话框，设置颜色为深黄色（F2A207）到浅黄色（FFFEA6）的线性渐变，如图3-29所示。

图3-28 设置参数

图3-29 设置"线性渐变"参数

05 选择"文艺文化"图层，单击"图层"→"图层样式"→"斜面和浮雕"命令，依次展开"文艺文化"→"图层样式"→"斜面和浮雕"选项区，设置"大小"为0.0、"角度"为（0×＋90.0°），如图3-30所示。

06 选择"文艺文化"图层，单击"图层"→"图层样式"→"投影"命令，依次展开"文艺文化"→"图层样式"→"投影"选项区，设置"不透明度"为5%、"角度"为（0×＋61.0°）、"距离"为2.0、"大小"为1.0，如图3-31所示；选择"文字文艺"图层的图层样式效果，复制到ARTS CHANNEL图层上。

图3-30　设置参数　　　　　　　　　　　图3-31　设置参数

07 执行上述操作后预览效果，如图3-32所示。

图3-32　预览效果

08 单击"合成"→"新建合成"命令，创建一个预置的PAL D1/DV合成，设置"合成名称"为"三维文字"、"持续时间"为（0:00:03:00）秒，如图3-33所示。

09 在"项目"面板中选择"文字层"合成，将其拖曳到"三维文字"合成的时间线面板中，选择"文字层"图层，按【T】键，在第0帧处设置"不透明度"为0%，在第10帧处设置"不透明度"为100%，如图3-34所示。

图3-33　创建文字图层　　　　　　　　　图3-34　拖曳图层

⑩ 选择"文字层"图层，单击"效果"→"过渡"→"CC light Wipe（扫光）"命令；在"效果控件"面板中展开"CC light Wipe（扫光）"选项区，在第1秒13帧处设置"Center（灯光中心）"为（-12.0,140.0）、第2秒13帧处设置"Center（灯光中心）"为（574.0,140.0），效果如图3-35所示。

⑪ 按【Ctrl＋Y】键新建一个固态层，设置"名称"为"光"、"颜色"为黑色；单击"效果"→"生成"→"镜头光晕"命令，添加"镜头光晕"效果，如图3-36所示。

图3-35　效果图　　　　　　　　　　　图3-36　添加"镜头光晕"效果

⑫ 展开"镜头光晕"选项区，在第0帧处设置"光晕中心"为（360.0,288.0）、"光晕亮度"为275%，在第10帧处设置"光晕亮度"为100%，在第2秒24帧处设置"光晕中心"为（716.0,6.0），选择"光"图层，设置该图层的"叠加模式"为"屏幕"，效果如图3-37所示。

⑬ 按小键盘上的【0】数字键预览最终效果，如图3-38所示。

图3-37　效果图　　　　　　　　　　　图3-38　视频效果

Example 实例 018 粒子文字特效

　　本实例主要学习使用"粒子特效"完成文字粒子特效制作的方法。通过本实例的学习，读者可以了解"CC粒子世界"效果中的参数设置。"CC粒子世界"的参数虽然简单，但是效果出众，在实际工作中应用较为广泛，如图3-39所示。

图3-39 视频效果

素材文件	光盘\素材\第3章\星空.jpg
效果文件	光盘\效果\第3章\粒子文字特效.aep
视频文件	光盘\视频\第3章\实例018 粒子文字特效.mp4

01 单击"合成"→"新建合成"命令，创建一个预置的PAL D1/DV合成，设置"合成名称"为"定版文字"、设置"持续时间"为（0:00:03:00）秒；使用横排文字工具，创建一个"粒子特效"文字，如图3-40所示。

02 选择"粒子特效"图层，展开图层的"文本"选项区，单击右侧的"动画"按钮，在弹出的列表框中分别选择"启用逐字3D化"和"位置"选项，如图3-41所示。

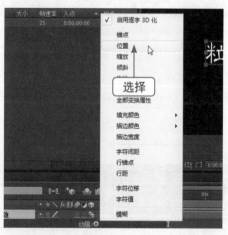

图3-40 创建文字图层　　　　　　　图3-41 添加两个选项

03 单击"添加"按钮，在弹出的列表框中选择"属性"→"旋转"选项，添加"旋转"效果，如图3-42所示。

04 设置自定义的"动画"属性，设置"位置"为（0.0,0.0,−800.0）、"X轴旋转"为（0×＋80.0°）、"Y轴旋转"为（0×＋−70.0°）；依次展开"动画制作工具1"→"范围选择器1"→"高级"选项，设置"形状"为"上斜坡"选项；在第0帧处设置"偏移"为−28%，在第2秒处设置"偏移"为100%，如图3-43所示。

05 单击"图层"→"新建"→"摄像机"命令，创建一个新的摄像机，设置"缩放"为160.00毫米，单击"确定"按钮，如图3-44所示。

06 使用摄像机的"轨道摄像机工具"、"跟踪XY摄像机工具"、"跟踪Z摄像机工具"，完成摄像机机位的调节工作，如图3-45所示。

图3-42 添加"旋转"效果

图3-43 设置参数

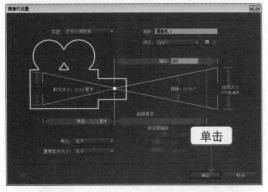

图3-44 创建摄像机

图3-45 添加摄像机工具

07 选择"摄像机1"图层，在第0帧处设置"目标点"为（390.0,290.0,22.0）、"位置"为（635.0,300.0,–350.0）；在第3帧处设置"目标点"为（350.0,281.0,33.0）、"位置"为（240.0,290.0,–391.0），如图3-46所示。

08 导入"星空"素材文件，将"星空"素材文件拖拽到定版文字的合成时间线面板上，设置该图层的"缩放"为（50.0,50.0%），如图3-47所示。

图3-46 设置参数

图3-47 拖曳图层

09 按【Ctrl＋Y】键创建一个白色固态层，设置"名称"为"粒子"、"宽度"为720像素、"高度"为576像素、"颜色"为白色，如图3-48所示。

10 选择"粒子"图层，单击"效果"→"模拟"→CC Particle World（CC粒子仿真世界）

命令，添加CC Particle World（CC粒子仿真世界）效果，如图3-49所示。

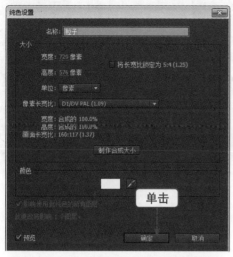

图3-48 新建"粒子"固态层

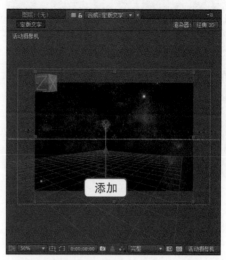

图3-49 添加"粒子世界"效果

⑪ 在"效果控件"面板中，展开"Physics（物理学）"选项区，设置"Velocity（速度）"为1.50、"Inherit Velocity%（速度继承）"为40.0、"Gravity（重力）"为0.500，如图3-50所示。

⑫ 在"效果控件"面板中展开"Particle（粒子）"选项区，设置"Particle Type（粒子类型）"为"Lens Convex（凸透镜）"、"Birth Size（产生粒子大小）"为0.045、"Death Size（死亡粒子大小）"为0.100，如图3-51所示。

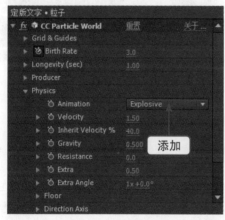

图3-50 设置各参数

图3-51 设置各参数

⑬ 选择"粒子"图层，在第3帧处设置"Birth Rate（出生率）"为0.0，在第4帧处设置"Birth Rate（出生率）"为2.8，在第2秒23帧处设置"Birth Rate（出生率）"为1.5，在第3秒处设置"Birth Rate（出生率）"为0.0；在第3帧处设置"Position X（X轴位置）"为−1，在第12帧处设置"Position X（X轴位置）"为−0.3，在第1秒05帧处设置"Position X（X轴位置）"为0.68，效果如图3-52所示。

⑭ 在"效果控件"面板中展开"Grid&Guides（网络和标尺）"选项区，取消选中"Radius（半径）"复选框，效果如图3-53所示。

图3-52　效果图　　　　　　　　　　　　　　　　图3-53　效果图

⑮ 在"定版文字"合成的时间线面板中，单击"粒子"图层和"粒子特效"图层的"运动模糊"按钮，如图3-54所示。

⑯ 按小键盘上的【0】数字键预览最终效果，如图3-55所示。

图3-54　单击"运动模糊"按钮　　　　　　　　　　图3-55　视频效果

Example 实例 019　路径文字特效

　　本实例学习使用"路径"选项中"首字边距"制作出路径文字动画的方法。本实例最终效果如图3-56所示。

图3-56　视频效果

素材文件	光盘\素材\第3章\梦幻场景.jpg
效果文件	光盘\效果\第3章\路径文字特效.aep
视频文件	光盘\视频\第3章\实例019 路径文字特效.mp4

01 单击"合成"→"新建合成"命令，创建一个预置的PAL D1/DV合成，设置"合成名称"为"路径动画"、"持续时间"为（0:00:03:00）秒，如图3-57所示。

02 执行菜单栏中"文件"→"导入"→"文件"命令，打开"导入文件"对话框，选择"梦幻场景"素材，如图3-58所示。

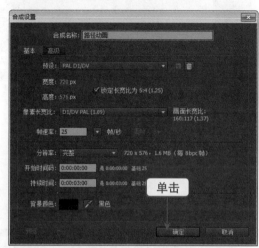

图3-57 新建合成 　　　　　　　　图3-58 选择相应素材

03 单击"导入"按钮，即可将选择的背景素材文件导入到"项目"面板中，如图3-59所示。

04 在"项目"面板中选择素材，将其拖曳至时间线面板中，如图3-60所示。

图3-59 导入到"项目"面板 　　　　图3-60 拖曳至时间线面板

05 单击工具栏中的"横排文字工具"按钮，在合成窗口中输入文字"路径文字特效"，效果如图3-61所示。

06 在"字符"面板中设置文字的字体为"黑体"，字号为60像素，填充的颜色为黄色（FFFF00），如图3-62所示。

图3-61　效果图

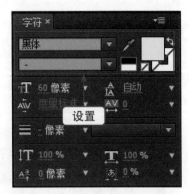

图3-62　设置参数

07 选择"文字"图层，单击工具栏中的"钢笔工具"按钮，在合成窗口中绘制一条曲线，如图3-63所示。

08 绘制曲线后，在"文字"层列表中将出现一个"蒙版"选项；在"文本"层中展开"路径选项"列表，单击"路径"右侧的按钮，在弹出的下拉列表框中选择"蒙版1"选项，将文字与路径相关联，如图3-64所示。

图3-63　效果图

图3-64　设置参数

09 将当前时间指示器移至0:00:00:00的位置处，展开"路径选项"列表，如图3-65所示。

10 单击"首字边距"左侧的"时间变化秒表"按钮，建立关键帧并设置"首字边距"的值为－200.0，如图3-66所示。

11 在时间线面板中调整时间到0:00:01:20的位置处，设置"首字边距"的值为800.0，系统将自动在该处创建一个关键帧，如图3-67所示。

12 按小键盘上的【0】数字键预览最终效果，如图3-68所示。

图3-65　展开列表

图3-66　设置参数

图3-67　设置参数

图3-68　视频效果

Example 实例 020 激光文字特效

　　本实例主要学习使用"CC Scale Wipe（CC拉伸式缩放）"制作激光文字特效的方法。通过本实例的学习，读者可以掌握"CC Scale Wipe（CC拉伸式缩放）"效果模拟制作激光文字的具体应用，如图3-69所示。

图3-69　视频效果

素材文件	光盘\素材\第3章\天空.jpg
效果文件	光盘\效果\第3章\激光文字特效.aep
视频文件	光盘\视频\第3章\实例020 激光文字特效.mp4

01 单击"合成"→"新建合成"命令，创建一个预置的PAL D1/DV合成，设置"合成名称"为"定版文字"、"持续时间"为（0:00:03:00）秒，导入"天空"素材文件，将该素材拖拽到时间线面板上，如图3-70所示。

02 使用横排文字工具创建一个文字图层，将其命名为"海阔天空"；选择"海阔天空"图层，单击"效果"→"生成"→"梯度渐变"命令，设置"渐变起点"为（347.0，207.0）、"渐变终点"为（404.0，402.0）、"起始颜色"为黄色（FFD700）、"结束颜色"为橙黄色（CA6706），如图3-71所示。

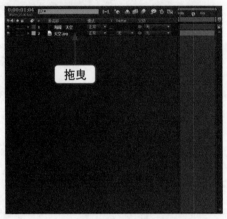

图3-70 拖曳图层

图3-71 设置参数

03 选择"海阔天空"图层，单击"效果"→"透视"→"斜面Alpha"命令，设置"边缘厚度"为1.00、"灯光强度"为0.30；单击"效果"→"透视"→"投影"命令，设置"距离"为3.0；单击"效果"→"过度"→"CC Scale Wipe（CC拉伸式缩放）"命令，设置"Stretch（拉伸）"为100.0、"Direction（方向）"为（0×+90°），效果如图3-72所示。

04 选择"海阔天空"图层，在第0帧处设置"Center（中心点）"为（255.0，288.0），在第1秒10帧处设置"Center（中心点）"为（520.0,288.0），如图3-73所示。

图3-72 效果图

图3-73 效果图

05 选择"天空"图层，在第0帧处设置"缩放"为（140.0,140.0%），在第2秒24帧处设置"缩放"为（123.0,123.0%），在第0帧处设置"旋转"为（0× + − 10°），在第2秒24帧处设置"旋转"为（0× +0°）；选择"海阔天空"图层，在第0帧处设置"缩放"为（110.0,110.0%），在第2秒24帧处设置"缩放"为（100.0,100.0%），如图3-74所示。

06 按小键盘上的【0】数字键预览最终效果，如图3-75所示。

图3-74　设置参数

图3-75　视频效果

Example 实例 021 炫光文字特效

　　本实例主要学习利用"3D Stroke（3D描边）"插件和"Shine（发光）"插件制作炫光文字效果的方法，本实例最终效果如图3-76所示。

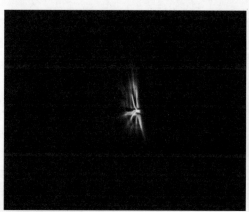

图3-76　视频效果

素材文件	无
效果文件	光盘\效果\第3章\炫光文字特效.aep
视频文件	光盘\视频\第3章\实例021 炫光文字特效.mp4

01 单击"合成"→"新建合成"命令，创建一个预置的PAL D1/DV合成，设置"合成名称"为"描边文字"、"持续时间"为（0:00:06:00）秒，运用横排文字工具创建一个文字图层，将其命名为"龙"图层，设置"字体系列"为"经典繁印篆"、"字体大小"为200像素，如图3-77所示。

02 选择"龙"图层，单击"图层"→"从文字创建蒙版"命令，系统自动生成"龙'轮廓'"；选择"'龙'轮廓"图层，单击"效果"→Trapcode→"3DStroke（3D描边）"命令；展开"3DStroke（3D描边）"选项区，选中Loop复选框，设置"Thickness（厚度）"为2.0，在第0帧处设置"Start（起点）"为100.0、"Offset（偏移）"为0.0、"Bend（弯曲）"为20.0、"Bend Axs（弯曲角度）"为（0×+95.0°）、"Z Position（Z轴位置）"为（0×+55.0°）、"X Rotation（X轴旋转）"为（0×+150.0°）、"Y Rotation（Y轴旋转）"为（0×+150°），效果如图3-78所示。

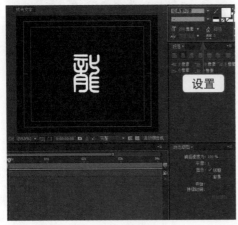

图3-77　创建文字

图3-78　效果图

03 在第4秒处设置"Start（起点）"为0.0、"Offset（偏移）"为100.0、"Bend（弯曲）"为0.0、"Bend Axls（弯曲角度）"为（0×+0.0°）、"Z Position（Z轴位置）"为（0×+0.0°）、"X Rotation（X轴旋转）"为（0×+0.0°）、"Y Rotation（Y轴旋转）"为（0×+0.0°），效果如图3-79所示。

04 选择"'龙'轮廓"图层，单击"效果"→Trapcode→"Shine（发光）"命令；展开"Shine（发光）"选项区，在第4秒处设置"Ray Length（光芒长度）"为4.0、"Boost Light（提升亮度）"为0.0，在第5秒处设置"Ray Length（光芒长度）"为30.0、设置"Boost Light（提升亮度）"为60.0，在第5秒24帧处设置"Ray Length（光芒长度）"为0.0、设置"Boost Light（提升亮度）"为0.0，效果如图3-80所示。

图3-79　效果图

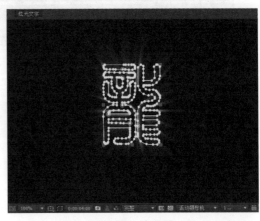

图3-80　效果图

05 选择"龙"图层，单击"图层"→"从文本创建蒙版"命令，系统自动生成一个
"龙'轮廓'"；选择"'龙'轮廓"图层，单击"效果"→Trapcode→"3D Stroke
（3D描边）"命令；展开"3D Stroke（3D描边）"选项区，选中Loop复选框，设置
"Thickness（厚度）"为3.0、"Color（颜色）"为金黄色（FFEC50）、"Adjust
Step（调节步幅）"为100.0，如图3-81所示。

06 展开"3DStroke（3D描边）"选项区，在第4秒处设置"Opacity（透明度）"为30.0，
在第5秒处设置"Opacity（透明度）"为80.0，在第5秒24帧处设置"Opacity（透明
度）"为100.0，如图3-82所示。

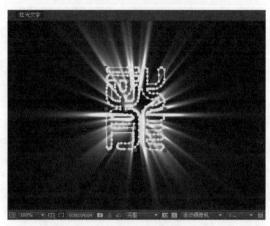

图3-81　效果图　　　　　　　　　　　　　　图3-82　效果图

07 选择"'龙'轮廓"图层，在第3秒22帧处设置"不透明度"为0%，在第4秒处设置
"不透明度"为30%，在第5秒处设置"不透明度"为80%，在第5秒24帧处设置"不
透明度"为100%，效果如图3-83所示。

08 按小键盘上的【0】数字键预览最终效果，如图3-84所示。

图3-83　效果图　　　　　　　　　　　　　　图3-84　视频效果

4 影视音频特效

学习提示

　　音频特效是影视制作中的一个重要部分，面对复杂的音频控制属性，如何有效的控制它们的形态和运动，如何利用音频功能来实现视觉效果，都是作为影视制作者需要面对的问题。本章将介绍实际工作中各类音频功能的制作方法。

本章关键实例导航

- 实例022 音频彩条
- 实例023 音量指针
- 实例024 音画背景
- 实例025 舞动音频线
- 实例026 环形音频线
- 实例027 音乐闪烁背景
- 实例028 音频震动光线

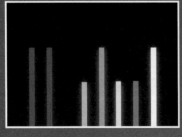
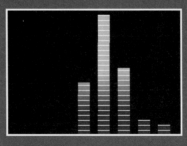
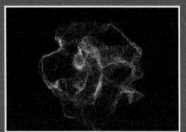

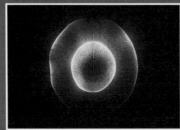

Example 实例 022 音频彩条

本实例主要学习使用"缩放"属性以及"发光"特效制作音频效果的方法，通过本实例的学习，读者可以了解音频彩条制作的相关技术。本实例最终效果如图4-1所示。

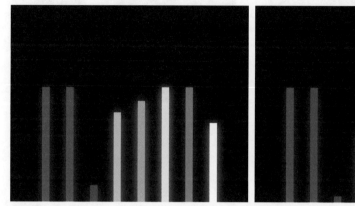

图4-1　视频效果

素材文件	光盘\素材\第4章\音频彩条.aep
效果文件	光盘\效果\第4章\音频彩条.aep
视频文件	光盘\视频\第4章\实例022 音频彩条.mp4

01 按【Ctrl＋O】键打开项目"音频彩条.aep"文件，使用横排文字工具，创建文字"IIIIIIII"，设置文字的"字体系列"为"方正超粗黑简体"、"字体大小"为100像素、"字符间距"为400，调整相应的颜色，如图4-2所示。

02 选择"IIIIIIII"图层，设置"缩放"为（100.0,400.0%）并调整其位置；单击"效果"→"风格化"→"发光"命令，设置"发光半径"为40.0，图4-3所示。

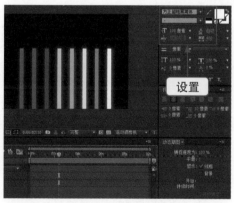

图4-2　创建文字层

图4-3　设置参数

03 选择"IIIIIIII"图层，单击"动画"选项右侧的三角形按钮，在弹出的列表框中选择"缩放"选项，取消约束"缩放"左侧的比例按钮，设置"缩放"为（100.0,－250.0%）；单击"动画制作工具1"选项右侧的三角形按钮，从弹出的列表框中选择"选择器"的"摆动"选项，即可添加"摆动选择器1"效果，如图4-4所示。

04 按小键盘上的【0】数字键预览最终效果，如图4-5所示。

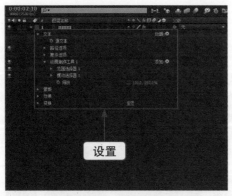

图4-4 设置参数

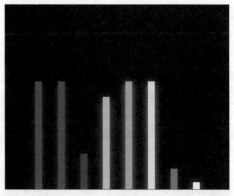

图4-5 视频效果

Example 实例 023 音量指针

本实例主要学习"音频频谱"特效的高级应用。通过本实例的学习，读者可以了解音量指针制作的相关技术，本实例最终效果如图4-6所示。

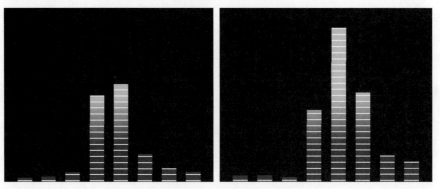

图4-6 视频效果

素材文件	光盘\素材\第4章\音量指针.aep
效果文件	光盘\效果\第4章\音量指针.aep
视频文件	光盘\视频\第4章\实例023 音量指针.mp4

01 按【Ctrl＋O】键打开项目"音量指针.aep"文件，按【Ctrl＋Y】键创建一个固态层，设置"名称"为"渐变"、"颜色"为黑色，单击"确定"按钮，如图4-7所示。

02 选择"渐变"图层，单击"效果"→"生成"→"梯度渐变"命令，设置"渐变起点"为（364.0,300.0）、"起始颜色"为浅蓝色（7AFBDE）、"渐变终点"为（372.0,450.0）、"结束颜色"为深蓝色（004876），如图4-8所示。

03 选择"渐变"图层，单击"效果"→"生成"→"网格"命令，设置"锚点"为（－10.0,0.0）、"边角"为（720.0,20.0）、"边界"为18.0；选中"反转网络"复选框，设置"颜色"为白色、"混合模式"为"正常"，如图4-9所示。

04 按【Ctrl＋Y】键创建一个固态层，设置"名称"为"音谱"、"颜色"为"黑色"；选择"音谱"图层，单击"效果"→"生成"→"音频频谱"命令，添加"音频频谱"效果，如图4-10所示。

图4-7 新建"渐变"图层

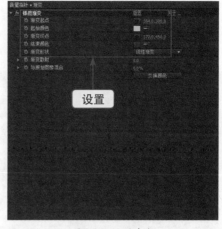

图4-8 设置参数

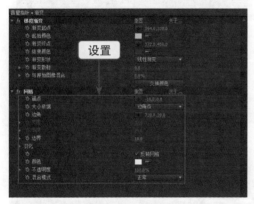

图4-9 设置参数

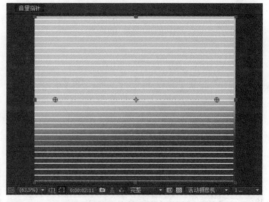

图4-10 添加"音频频谱"效果

05 展开"音频频谱"选项区，设置"音谱层"为3.E.T.mp3、"起始点"为（70.0,568.0）、"结束点"为（646.0,570.0）、"起始频率"为10.0、"结束频率"为100.0、"频段"为8、"最大高度"为2000.0、"厚度"为50.00，如图4-11所示。

06 选择"音谱"图层，在"音谱"图层右侧的属性栏中单击"质量与采样"按钮，如图4-12所示。

图4-11 设置参数

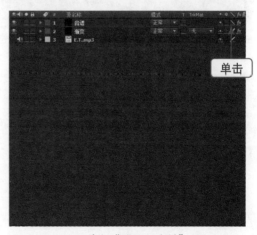

图4-12 单击"质量与采样"按钮

49

07 在时间线面板中设置"渐变"图层的"轨道遮罩"为"Alpha遮罩（音谱）"，如图4-13所示。

08 按小键盘上的【0】数字键预览最终效果，如图4-14所示。

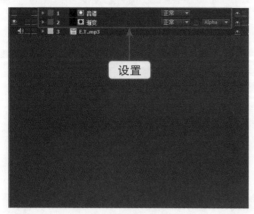

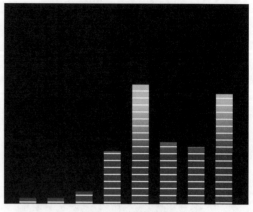

图4-13　设置遮罩　　　　　　　　　　　　　　图4-14　视频效果

Example 实例 024 音画背景

本实例主要学习利用"From（形状）"插件制作模拟音频特效方面的效果，本实例最终效果如图4-15所示。

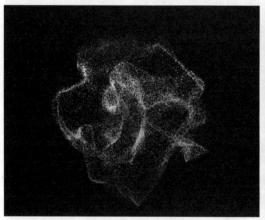

图4-15　视频效果

素材文件	光盘\素材\第4章\音画背景.aep
效果文件	光盘\效果\第4章\音画背景.aep
视频文件	光盘\视频\第4章\实例024 音画背景.mp4

01 按【Ctrl+O】键打开项目"音画背景.aep"文件，按【Ctrl+Y】键创建一个固态层，设置"名称"为"音画背景"、"颜色"为黑色，单击"确定"按钮，如图4-16所示。

02 选择"音画背景"图层，单击"效果"→Trapcode→"From（形状）"命令，添加"From（形状）"效果，如图4-17所示。

图4-16　新建固态层

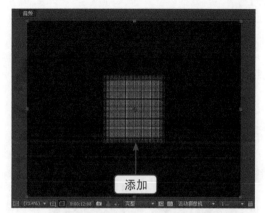

图4-17　添加"From（形状）"效果

③ 展开"Base Form（基础形式）"选项区，设置"Base Form（基础形式）"为 "Sphere-Layered（球面-图层）"、"Size X（大小X）"为400、"Size Y（大小 Y）"为400、"Size Z（大小Z）"为100、"Particles in X（X中的粒子）"为200、 "Particles in Y（Y中的粒子）"为200、"Sphere Lyaers（球面图层）"为2，效果如 图4-18所示。

④ 展开"Quick Maps（快速贴图）"选项区，设置"Map Opac＋Color over（图像的不透 明度＋颜色覆盖）"为Y、Map＃1 to为"Size（大小）"，效果如图4-19所示。

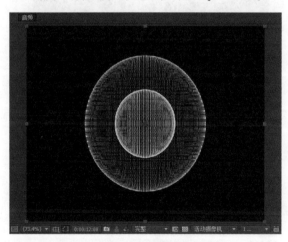

图4-18　效果图

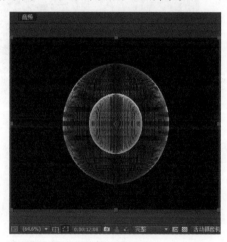

图4-19　效果图

⑤ 展开"Audio React（音频反应）"选项区，设置"Audio Layer（音频图层）"为 2.E.T.mp3、"Strength（强度）"为200.0、"Map To（贴图）"为"Fractal（不规则 的碎片）"、"Delay Direction（延迟的方向）"为"X Outwards（X向外）"，效果 如图4-20所示。

⑥ 展开"Disperse & Twist（分散与捻度）"选项区，设置"Disperse（分散）"为10，效 果如图4-21所示。

⑦ 展开"Fractal Field（分形领域）"选项区，设置"Displace（置换）"为100，如图4-22 所示。

⑧ 按小键盘上的【0】数字键预览最终效果，如图4-23所示。

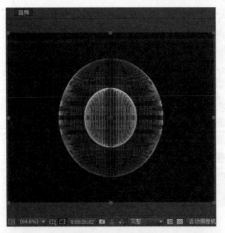

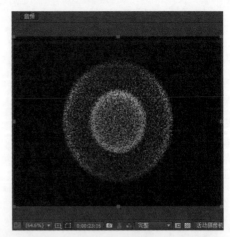

图4-20 效果图   图4-21 效果图

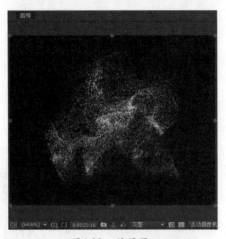

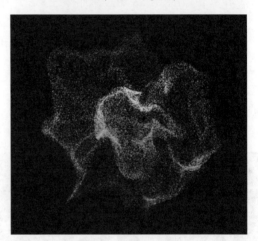

图4-22 效果图   图4-23 视频效果

Example 实例 025 舞动音频线

　　本实例主要学习"缩放"属性、"摆动"属性和"发光"效果的应用。通过本实例的学习，读者可以了解舞动音频线的效果，本实例最终效果如图4-24所示。

图4-24 视频效果

素材文件	光盘\素材\第4章\舞动音频线.aep
效果文件	光盘\效果\第4章\舞动音频线.aep
视频文件	光盘\视频\第4章\实例025 舞动音频线.mp4

01 按【Ctrl＋O】键打开项目"舞动音频线.aep"文件，使用横排文字工具，创建文字 "IIIIIIIIIIIII"，并将文字层命名为"音频线"，设置"音频线"图层的"字体系列"为"方正大黑简体"、"字体大小"为100像素、"颜色"为红色（FF21A9），如图4-25所示。

02 选择"音频线"图层，使用矩形工具，给其添加一个蒙版，如图4-26所示。

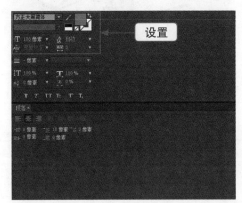

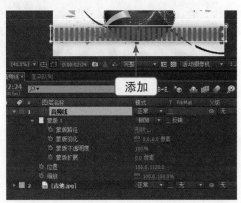

图4-25 新建图层   图4-26 设置参数

03 选择"音频线"图层，单击"动画"右侧的三角形按钮，从弹出的列表框中选择"缩放"选项，取消约束"缩放"左侧的比例按钮，设置"缩放"为（100.0，－200.0%），单击"动画制作工具1"右侧的三角形按钮，从弹出的列表框中选择"选择器"的"摆动"选项，即可添加"摆动选择器1"效果，如图4-27所示。

04 选择"音频线"图层，单击"效果"→"风格化"→"发光"命令，设置"发光半径"为45.0，如图4-28所示。

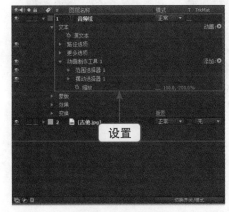

图4-27 设置参数   图4-28 设置参数

05 选择"音频线"图层，按【Ctrl＋D】键复制出一个新图层，设置该图层名称为"音频线02"；选择"音频线02"图层，按【S】键，取消约束"缩放"左侧的比例按钮，设置"缩放"为（100.0，－100.0%），按【T】键设置"不透明度"为20%，调整其位置，如图4-29所示。

06 按小键盘上的【0】数字键预览最终效果，如图4-30所示。

图4-29　设置参数

图4-30　视频效果

专家课堂

【S】键是"缩放"属性的快捷键按钮，【P】键是"位置"属性的快捷键按钮。

Example 实例 026　环形音频线

本实例主要学习利用"Form（形状）"插件和"Shine（发光）"插件制作环形音频线的方法，最终效果如图4-31所示。

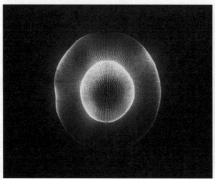 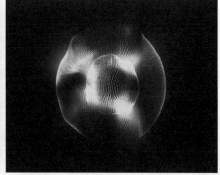

图4-31　最终效果

素材文件	光盘\素材\第4章\环形音频线.aep
效果文件	光盘\效果\第4章\环形音频线.aep
视频文件	光盘\视频\第4章\实例026　环形音频线.mp4

01 按【Ctrl＋O】键打开项目"环形音频线.aep"文件；按【Ctrl＋Y】键创建一个固态层，设置"名称"为"波动"、"颜色"为黑色，单击"确定"按钮，如图4-32所示。

02 选择"波动"图层，单击"效果"→Trapcode→"From（形状）"命令；展开"Base Form（基础形式）"选项区，设置"Base Form（基础形式）"为"Sphere Layered（球面-图层）"、"Size X（大小X）"为400、"Size Y（大小Y）"为400、"Size

Z（大小Z）"为100、"Particles in X（X中的粒子）"为200、"Particles in Y（Y中的粒子）"为200、"Sphere Lyaers（球面图层）"为2，效果如图4-33所示。

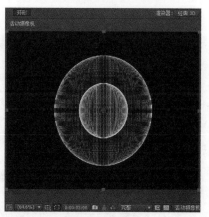

图4-32　新建固态层　　　　　　　　　　图4-33　效果图

03 展开"Quick Maps（快速贴图）"选项区，设置"Color Map（颜色贴图）"由黄（FFE400）到橙色（FF8400）渐变、"Map Opac+Color Over（图像的不透明度+颜色覆盖）"为Y、Map # 1为第三个形状、Map # 1 to为"Opacity（不透明度）"、"Map # 1 over（贴图覆盖）"为Y；展开"Audio React（音频反应）"选项区，设置"Audio Layer（音频图层）"为2.E.T.mp3、"Strength（强度）"为200.0、"Map To（贴图）"为"Fractal（不规则的碎片）"、"Delay Max（延迟最大）"为1.00；展开"Fractal Field（分形领域）"选项区，设置"Affect Size（影响范围）"为1、"Displace（置换）"为10.0；展开"Spherical Field（球场）"选项区，设置"Strength（强度）"为20；展开"Visibility（可见度）"选项区，设置"Far Vanish（灭点最远值）"为2000、"Far Start Fade（灭点最远值开始减弱）"为1200；展开"Rendering（渲染）"选项区，设置"Transfer Mode（叠加模式）"为"Add（相加）"，效果如图4-34所示。

04 选择"波动"图层，单击"效果"→Trapcode→"Shine（发光）"命令，设置"Ray Length（光芒长度）"为2.0、"Boost Light（提升亮度）"为0.2、"Colorize（颜色模式）"为"None（无）"，该图层的"叠加模式"为"相加"，效果如图4-35所示。

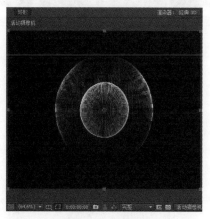

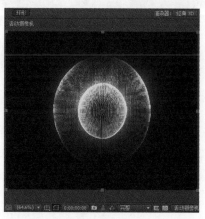

图4-34　效果图　　　　　　　　　　图4-35　效果图

05 按【Ctrl＋Alt＋Shift＋C】键创建一个摄像机，设置"预设"为"35毫米"，单击"确定"按钮，如图4-36所示。

06 按小键盘上的【0】数字键预览最终效果，如图4-37所示。

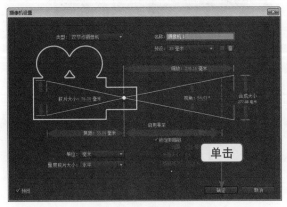

图4-36 创建摄像机

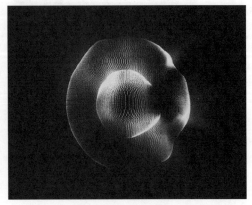

图4-37 视频效果

Example 实例 027 音乐闪烁背景

本实例主要学习使用"音频频谱"特效制作音乐闪烁背景的方法。最终效果如图4-38所示。

图4-38 视频效果

素材文件	光盘\素材\第4章\音乐闪烁背景.aep
效果文件	光盘\效果\第4章\音乐闪烁背景.aep
视频文件	光盘\视频\第4章\实例027 音乐闪烁背景.mp4

01 按【Ctrl＋O】键打开项目"音乐闪烁背景.aep"文件，按【Ctrl＋Y】键创建一个固态层，设置"名称"为"乐谱"、"颜色"为"黑色"，单击"确定"按钮，如图4-39所示。

02 选择"乐谱"图层，单击"效果"→"生成"→"音频频谱"命令，设置"音频层"为2.E.T.mp3、"起始点"为（360.0,288.0），选中"使用极坐标路径"复选框，设置

"频段"为50、"最大高度"为3500.0、"厚度"为15.00、"柔和度"为100.0%，如图4-40所示。

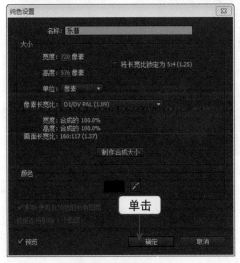

图4-39 新建固态层

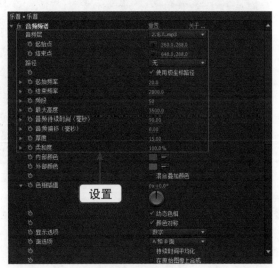

图4-40 设置参数

03 选择"乐谱"图层，依次单击"效果"→"模糊和锐化"→"径向模糊"命令和"效果"→"生成"→"梯度渐变"命令；设置"数量"为180.0、"类型"为"缩放"、"渐变起点"为（360.0,288.0）、"起始颜色"为白色、"渐变终点"为（360.0,400.0）、"结束颜色"为蓝色（2194FF）、"渐变形态"为"径向渐变"，如图4-41所示。

04 按小键盘上的【0】数字键预览最终效果，如图4-42所示。

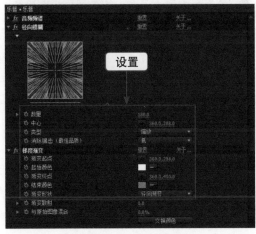

图4-41 设置参数

图4-42 视频效果

Example 实例 O28 音频震动光线

本实例主要学习使用"音频频谱"特效制作音频震动光线的方法。最终效果如图4-43所示。

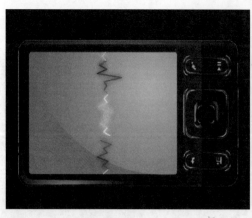

图4-43　视频效果

素材文件	光盘\素材\第4章\音频震动光线.aep
效果文件	光盘\效果\第4章\音频震动光线.aep
视频文件	光盘\视频\第4章\实例028　音频震动光线.mp4

01 按【Ctrl＋O】键打开项目"音频震动光线.aep"文件，按【Ctrl＋Y】键创建一个固态层，设置"名称"为"音频线"、"颜色"为黑色，单击"确定"按钮，如图4-44所示。

02 选择"音频线"图层，单击"效果"→"生成"→"音频频谱"命令，添加"音频频谱"效果，如图4-45所示。

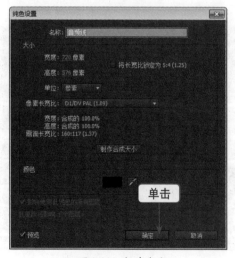

图4-44　新建合成

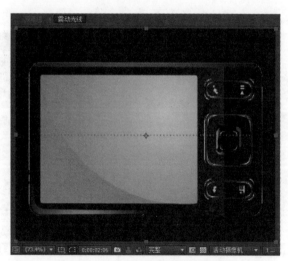

图4-45　添加"音频频谱"效果

03 展开"音频频谱"选项区，设置"音频层"为3.E.T.mp3、"起始点"为（293.0,127.0）、"结束点"为（295.0,472.0）、"频段"为30、"最大高度"为1000.0、"色相插值"为（0×＋350.0°）、"显示选项"为"模拟谱线"，如图4-46所示。

04 选择"音频线"图层，单击"效果"→"风格化"→"发光"命令，设置"发光阈值"为40%、"发光半径"为15.0、"发光强度"为0.5，如图4-47所示。

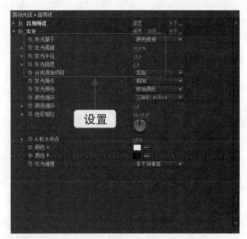

图4-46　设置参数　　　　　　　　　　　　图4-47　设置参数

05 按小键盘上的【0】数字键预览最终效果，如图4-48所示。

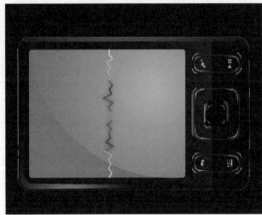

图4-48　视频效果

5 影视美术效果

学习提示

在影视制作过程中，经常会遇到一些难以处理的图片，在后期制作软件中，可以通过效果的一些功能使图片达到想要的美术效果。本章将介绍实际工作中各类图片效果的处理方法。

本章关键实例导航

- 实例029 水墨文字
- 实例030 铅笔素描
- 实例031 油画效果
- 实例032 晕染特效
- 实例033 卡通贴图特效
- 实例034 旧胶片效果
- 实例035 手写字

Example 实例 029 水墨文字特效

本实例主要学习利用"From（形状）"插件制作水墨文字特效的方法。本实例最终效果如图5-1所示。

图5-1 视频效果

素材文件	光盘\素材\第5章\水墨文字特效.aep
效果文件	光盘\效果\第5章\水墨文字特效.aep
视频文件	光盘\视频\第5章\实例029 水墨文字特效.mp4

01 按【Ctrl+O】键打开项目"水墨文字特效.aep"文件，使用横排文字工具，创建一个"水墨艺术"文字图层，设置"字体体系"为"书体坊米芾体"、"字体大小"为100像素、"颜色"为黑色，如图5-2所示。

02 选择"水墨艺术"图层，按【P】键，在第0帧处设置"位置"为（360.0，-45.0），在第2秒处设置"位置"为（360.0,288.0），如图5-3所示。

图5-2 新建"水墨艺术"图层　　　　　图5-3 设置参数

03 选择"水墨艺术"图层，单击"效果"→"扭曲"→"湍流置换"命令；在"效果控件"面板中，展开"湍流置换"选项区，设置"置换"为"湍流较平滑"，在第0帧处设置"数量"为100，在第2秒处设置"数量"为0，如图5-4所示。

04 选择"水墨艺术"图层，单击"效果"→"模糊和锐化"→"快速模糊"命令，在

"效果控件"面板中，展开"快速模糊"选项区，在第0帧处设置"模糊度"为15.0，在第2秒处设置"模糊度"为0.0，如图5-5所示。

图5-4　设置参数　　　　　　　　　　图5-5　设置参数

05 在"置换"合成中，按【Ctrl+Y】键创建一个固态层，设置"名称"为"置换"、"颜色"为黑色，单击"确定"按钮，如图5-6所示。

06 选择"置换"图层，单击"效果"→"杂色和颗粒"→"湍流杂色"命令，在"效果控件"面板中展开"湍流杂色"选项区，设置"分形类型"为"动态扭转"，选中"反转"复选框；在第0帧处设置"亮度"为-15.0，在第2秒处设置"亮度"为0.0、"缩放"为110.0；在第0帧处设置"演化"为（0×+0.0°），在第2秒处设置"演化"为（0×+245.0°），如图5-7所示。

图5-6　新建图层

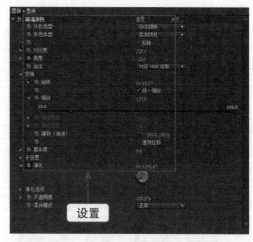

图5-7　设置参数

07 选择LOGO图层和"置换"图层，将其拖曳到Final合成的时间线上，隐藏其图层；按【Ctrl+Y】键创建一个固态层，设置"名称"为"墨"、"颜色"为黑色，单击"确定"按钮，如图5-8所示。

08 选择"墨"图层，单击"效果"→Trapcode→"Form（形状）"命令；在"效果控件"面板中展开"Base From（基本形式）"选项区，设置"Size X（X大小）"为

1056、"Size Y（Y大小）"为576、"Size Z（Z大小）"为0、"Particles in X（X中的粒子）"为1056、"Particles in Y（Y中的粒子）"为576、"Particles in Z（Z中的粒子）"为1，如图5-9所示。

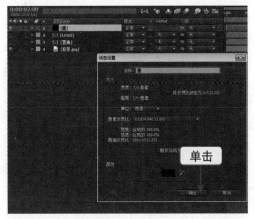

图5-8　创建固态层

图5-9　效果图

09 展开"Layer Maps（贴图层）"选项区，展开"Color and Alpha（颜色和阿尔法）"选项区，设置"Layer（图层）"为2.LOGO、"Functionality（功能）"为"RGB A to RGB B（颜色A到颜色B）"、"Map Over（地图）"为XY；展开"Fractal Strength（分形强度）"选项区，设置"Layer（图层）"为"3.置换"、"Map Over（地图）"为XY；展开"Disperse（传播）"选项区，设置"Layer（图层）"为"3.置换"、"Map Over（地图）"为XY，如图5-10所示。

10 展开"Disperse&Twist（分散与捻度）"选项区，在第0帧处设置"Disperse（分散）"为15，在第1秒10帧处设置"Disperse（分散）"为0；展开"Fractal Field（分形领域）"选项区，设置"Flow X"为22、"Flow Y"为-23、"Flow Z"为36，如图5-11所示。

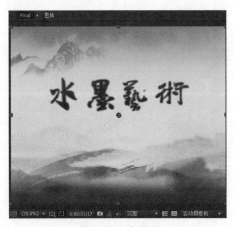

图5-10　效果图

图5-11　效果图

11 选择"墨"图层，单击"效果"→"模糊和锐化"→"快速模糊"命令；在"效果控件"面板中，展开"快速模糊"选项区，在第0帧处设置"模糊度"为15，在第1秒10帧处设置"模糊度"为0，如图5-12所示。

⑫ 按小键盘上的【0】数字键预览最终效果，如图5-13所示。

图5-12　设置参数

图5-13　视频效果

Example 实例 030 铅笔素描

　　本实例主要学习"色相\饱和度"效果和"画笔描边"效果的综合应用。通过本实例的学习，读者可以深入了解铅笔素描效果的制作方法。本实例最终效果如图5-14所示。

图5-14　视频效果

素材文件	光盘\素材\第5章\铅笔素描.aep
效果文件	光盘\效果\第5章\铅笔素描.aep
视频文件	光盘\视频\第5章\实例030 铅笔素描.mp4

① 按【Ctrl+O】键打开"铅笔素描.aep"项目文件，选择"荷花"图层，单击"效果"→"风格化"→"查找边缘"命令；在"效果控件"面板中展开"查找边缘"选项区，设置"与原始图像混合"为30%，如图5-15所示。

② 选择"荷花"图层，单击"效果"→"颜色校正"→"色阶"命令；在"效果控件"面板中展开"色阶"选项区，在RGB通道属性中设置"输入黑色"为33.0、"输入白色"为193.0、"灰度系数"为1.00、"输出黑色"15.3，如图5-16所示。

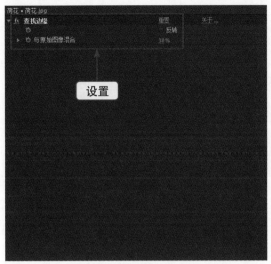

图5-15　设置参数

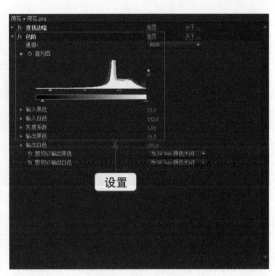

图5-16　设置参数

03 选择"荷花"图层，依次单击"效果"→"颜色校正"→"色相\饱和度"命令和"效果"→"风格化"→"画笔描边"命令；展开"色相\饱和度"选项区，设置"主饱和度"为－100；展开"画笔描边"选项区，设置"画笔大小"为0.3、"描边浓度"为2.0、"描边随机性"为1.5，如图5-17所示。

04 按小键盘上的【0】数字键预览最终效果，如图5-18所示。

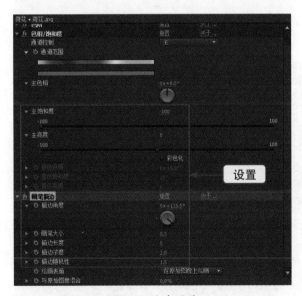

图5-17　文字图层

图5-18　视频效果

Example 实例 031 蜡笔特效

本实例主要学习"画笔描边"效果和"置换贴图"效果的综合应用。通过本实例的学习，读者可以深入了解蜡笔风格的制作方法。本实例最终效果如图5-19所示。

图5-19 视频效果

素材文件	光盘\素材\第5章\蜡笔特效.aep
效果文件	光盘\效果\第5章\蜡笔特效.aep
视频文件	光盘\视频\第5章\实例031 蜡笔特效.mp4

01 按【Ctrl+O】键打开"蜡笔特效.aep"项目文件,选择"风光"图层,单击"效果"→"风格化"→"画笔描边"命令;在"效果控件"面板中展开"画笔描边"选项区,设置"描边角度"为(0×+232.0°)、"画笔大小"为4.0、"描边浓度"为2.0、"描边随机性"为1.5,如图5-20所示。

02 选择"风光"图层,按【Ctrl+D】键复制出一个新的图层并将其命名为"风光通道",选择该图层,单击"效果"→"颜色校正"→"色相\饱和度"命令;在"效果控件"面板中,展开"色相\饱和度"选项区,设置"主饱和度"为-100,如图5-21所示。

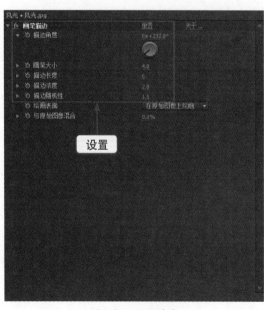

图5-20 设置参数

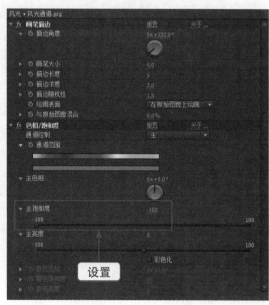

图5-21 设置参数

03 按【Ctrl+Alt+Y】键创建一个调整图层,选择调整图层,单击"效果"→"扭曲"→"置换图"命令;在"效果控件"面板中,展开"置换图"选项区,设置"置换图层"为"2.风光通道"、"最大水平置换"为10.0、"最大垂直置换"为10.0，如图5-22所示。

04 选择"风光"图层，设置该图层的"轨道遮罩"为"Alpha遮罩'风光通道'"，按小键盘上的【0】数字键预览最终效果，如图5-23所示。

图5-22　文字图层　　　　　　　　　　　图5-23　视频效果

Example 实例 032 晕染特效

本实例主要学习使用"亮度遮罩"模拟晕染效果的方法，本实例最终效果如图5-24所示。

图5-24　视频效果

素材文件	光盘\素材\第5章\晕染特效.aep
效果文件	光盘\效果\第5章\晕染特效.aep
视频文件	光盘\视频\第5章\实例032 晕染特效.mp4

01 按【Ctrl+O】键打开项目"晕染特效.aep"文件，选择"城堡"图层，单击"轨道遮罩"选择"亮度遮罩[Center 1.avi]"，如图5-25所示。

02 在"晕染"合成中，同时选择"城堡"图层和Center 1图层，按【Ctrl+Shift+C】键，在弹出的"预合成"对话框中设置"新合成名称"为"晕染特效"，选中"将所有属性移动到新合成"单选按钮，单击"确定"按钮，如图5-26所示。

图5-25 设置参数

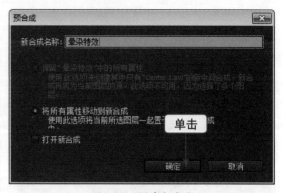

图5-26 创建新合成

03 按【Ctrl+Alt+T】键，给"晕染特效"图层添加"启用时间重映射"效果，在第0帧处设置"时间重映射"为（0:00:04:24），在第4秒24帧处设置"时间重映射"为（0:00:00:00），如图5-27所示。

04 按小键盘上的【0】数字键预览最终效果，如图5-28所示。

图5-27 设置"时间重映射"参数

图5-28 视频效果

Example 实例 033 卡通贴图特效

本实例主要学习使用"湍流杂色"效果和"卡片动画"效果模拟卡通贴图特效的方法。本实例最终效果如图5-29所示。

图5-29 视频效果

素材文件	光盘\素材\第5章\卡通贴图特效.aep
效果文件	光盘\效果\第5章\卡通贴图特效.aep
视频文件	光盘\视频\第5章\实例033 卡通贴图特效.mp4

01 按【Ctrl＋O】键打开"卡通贴图特效.aep"项目文件，按【Ctrl＋N】键创建一个合成，设置"合成名称"为"噪波"、"颜色"为黑色，单击"确定"按钮，如图5-30所示。

02 按【Ctrl＋Y】键创建一个固态层，设置"名称"为"滤镜"、"颜色"为黑色；选择"滤镜"图层，单击"效果"→"杂色和颗粒"→"湍流杂色"命令；在"效果控件"面板中，展开"湍流杂色"选项区，设置"对比度"为200.0、"亮度"为－10.0、"缩放"为20.0，如图5-31所示。

图5-30 设置参数

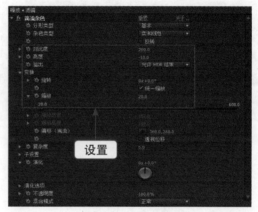

图5-31 设置参数

03 按【Ctrl＋Y】键创建一个固态层，设置"名称"为"渐变"、"颜色"为黑色；选择"渐变"图层，单击"效果"→"生成"→"梯度渐变"命令；在"效果控件"面板中，展开"梯度渐变"选项区，设置"渐变起点"为（360.0,288.0）、"起始颜色"为白色、"渐变终点"为（720.0,0.0）、"结束颜色"为黑色、"渐变形状"为"径向渐变"，如图5-32所示。

04 按【Ctrl＋N】键创建一个合成，设置"合成名称"为"卡通贴图"、"颜色"为黑色；将"噪波"图层和"办公室"图层拖曳到该图层的时间线面板上，隐藏"噪波"图层，如图5-33所示。

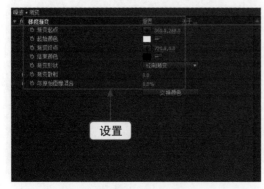

图5-32 设置参数

图5-33 隐藏"噪波"图层

69

05 按【Ctrl+Y】键创建一个固态层，设置"名称"为BG、"颜色"为黑色；选择BG
图层，单击"效果"→"生成"→"梯度渐变"命令；在"效果控件"面板中，展
开"梯度渐变"选项区，设置"渐变起点"为（720.0,0.0）、"起始颜色"为黄色
（FFE63F）、"渐变终点"为（0.0,576.0）、"结束颜色"为黑色、"渐变形状"为
"径向渐变"，如图5-34所示。

06 按【Ctrl+Alt+Shift+C】键创建一个摄像机，设置"预设"为"28毫米"，单击"确
定"按钮，如图5-35所示。

图5-34　设置参数

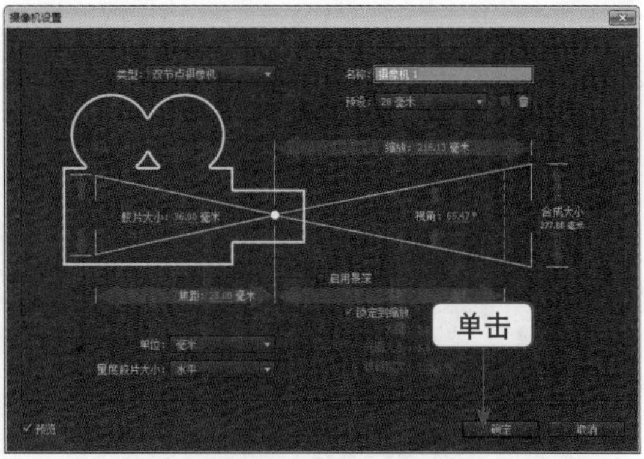

图5-35　创建摄像机

07 选择"办公室"图层，单击"效果"→"模拟"→"卡片动画"命令；在"效果控
件"面板中展开"卡片动画"选项区，设置"行数"为80、"列数"为100、"背面图
层"为"3.噪波"、"渐变图层1"为"3.噪波"，效果如图5-36所示。

08 展开"X位置"、"Y位置"、"Z位置"、"X轴缩放"和"Y轴缩放"选项区，设置
"源"为"强度1"，在第0帧处设置"乘数"为1.00、在第5秒处设置"乘数"0.20；
在第6秒24帧处设置"X位置"、"Y位置"和"Z位置"选项区中的"乘数"为0.00，
在第6秒24帧处设置"X轴缩放"和"Y轴缩放"选项区中的"乘数"为0.02；设置
"摄像机系统"为"合成摄像机"，如图5-37所示。

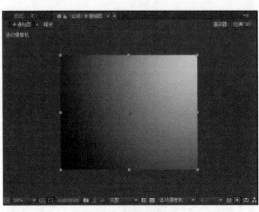

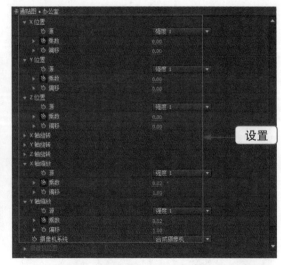

图5-36　效果图

图5-37　设置参数

09 选择"摄像机1"图层，按【A】键和【P】键，在第0帧处设置"目标点"为（360.0,288.0,542.4）、"位置"为（129.4,413.5,−1.6），在第4秒处设置"目标点"为（360.0,288.0,542.4）、"位置"为（524.3,331.2,−41.7），在第5秒处设置"目标点"为（360.0,288.0,0.0）、"位置"为（360.0,288.0,−816.9），如图5-38所示。

10 按小键盘上的【0】数字键预览最终效果，如图5-39所示。

图5-38　设置参数　　　　　　　　　　图5-39　视频效果

Example 实例 034 旧胶片效果

　　本实例主要学习使用"三色调"模拟旧胶片效果。通过本实例的学习，读者可以深入了解旧胶片特效的制作方法。本实例最终效果如图5-40所示。

图5-40　视频效果

素材文件	光盘\素材\第5章\旧胶片效果.aep
效果文件	光盘\效果\第5章\旧胶片效果.aep
视频文件	光盘\视频\第5章\实例034 旧胶片效果.mp4

01 按【Ctrl+O】键打开项目"旧胶片特效.aep"文件，选择"背景"图层，单击"效果"→"颜色校正"→"三色调"命令，添加"三色调"效果，如图5-41所示。

02 选择"背景"图层，单击"效果"→"颜色校正"→"色阶"命令；在"效果控件"面板中，展开"色阶"选项区，设置"灰度系数"为1.20，如图5-42所示。

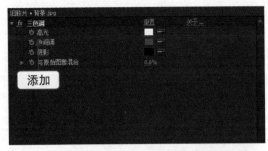

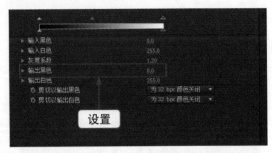

图5-41 添加"三色调"效果 　　　　　　图5-42 设置参数

03 按【Ctrl＋Y】键创建一个固态层，设置"名称"为"边角"、"颜色"为黑色；选择"边角"图层，给其添加蒙版遮罩，设置"蒙版羽化"为（200.0,100.0）像素，蒙版1的"叠加模式"为"相减"；导入素材texture_01.avi文件，并将其拖曳到相应的时间线面板上，选择texture_01.avi图层，按【Ctrl＋Alt＋F】键，缩放图层到适合画面的大小，设置该图层的"叠加模式"为"屏幕"，如图5-43所示。

04 按小键盘上的【0】数字键预览最终效果，如图5-44所示。

图5-43 设置"屏幕"模式 　　　　　　图5-44 视频效果

Example 实例 035 手写字

　　本实例主要学习使用"描边"模拟手写字效果。通过本实例的学习，读者可以深入了解手写字特效的制作方法。本实例最终效果如图5-45所示。

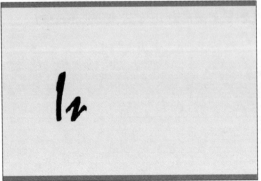

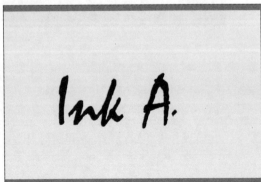

图5-45 视频效果

素材文件	光盘\素材\第5章\手写字.aep
效果文件	光盘\效果\第5章\手写字.aep
视频文件	光盘\视频\第5章\实例035 手写字.mp4

01 按【Ctrl+O】键打开项目"手写字.aep"文件，使用横排文字工具，创建文字"Ink Art"，设置文字图层的"字体体系"为"书体坊米芾体"、"字体大小"为194像素、"颜色"为黑色，如图5-46所示。

02 选择"Ink Art"图层，根据创建的文字，使用"钢笔工具"绘制出"Ink Art"图层的路径，如图5-47所示

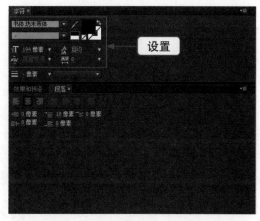

图5-46 创建文本文字

图5-47 绘制文字路径

03 选择"Ink Art"图层，单击"效果"→"生成"→"描边"命令；在"效果控件"面板中展开"描边"选项区，选中"所有蒙版"复选框，设置"颜色"为白色、"画笔大小"为13.0，在第0帧处设置"起始"为0.0%、"结束"为0.0%，在第3秒处设置"起始"为100.0%、"绘图模式"为"显示原始图像"，如图5-48所示。

04 按小键盘上的【0】数字键预览最终效果，如图5-49所示。

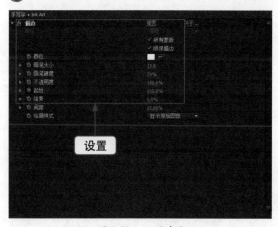

图5-48 设置参数

图5-49 视频效果

6 超级粒子特效

学习提示

　　粒子特效是影视制作中的重要部分，也是难点部分。面对复杂的粒子控制属性，如何有效地控制它们的形态和运动，如何利用粒子特效来实现更好的视觉效果，都是作为一个影视制作者需要面对的问题。本章通过8个精彩实例带领读者走进粒子动画的世界。

本章关键实例导航

- 实例036 烟花特效
- 实例037 粒子运动
- 实例038 粒子光效
- 实例039 粒子汇聚
- 实例040 花瓣飘落
- 实例041 粒子照片打印特效
- 实例042 粒子文字
- 实例043 超炫粒子

Example 实例 036 烟花特效

本实例主要学习利用"Particular（粒子）"插件制作烟花特技的方法。本实例最终效果如图6-1所示。

图6-1 视频效果

素材文件	光盘\素材\第6章\烟花特效aep
效果文件	光盘\效果\第6章\烟花特效aep
视频文件	光盘\视频\第6章\实例036 烟花特效.mp4

01 按【Ctrl＋O】键打开项目"烟花特效.aep"文件，按【Ctrl＋Y】键新建一个固态层，设置"名称"为"烟花01"、"宽度"为480px、"高度"为384px、"颜色"为黑色，单击"确定"按钮，如图6-2所示。

02 选择"烟花01"图层，单击"效果"→Trapcode→"Particle（粒子）"命令，添加"Particular（粒子）"效果，如图6-3所示。

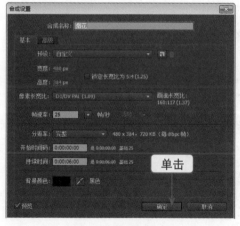

图6-2 新建图层

图6-3 添加效果

03 在"效果控件"面板中展开"Emitter(发射器）"选项区，在第0帧处设置"Paeticles/sec（粒子数量/秒）"为2800，在第1帧处设置"Particles/sec（粒子数量/秒）"为0，"Positio XY(位置XY）"为（360.0,100.0）、"Velocity（速率）"为300.0，效果如图6-4所示。

04 在"效果控件"面板中展开"Particle(粒子)"选项区，设置"Life Random[%]（生命随机）"为0、"Particle Type(粒子类型)"为"Glow Sphere(No DOF)[辉光球（没有自由度）]"、"Sphere Feather(球体羽化)"为0.0、"Size(大小)"为2.5、"Color(颜色)"为红色（FE5F5F）、"Transfer Mode（叠加模式）"为"Add（相加）"，效果如图6-5所示。

图6-4　效果图　　　　　　　　　　　　　图6-5　效果图

05 在"效果控件"面板中展开"Physices（物理学）"选项区，设置"Gravity（重力）"为60.0、"Air Resistance（空气阻力）"为3.0，效果如图6-6所示。

06 在"效果控件"面板中展开"Aux System（辅助系统）"选项区，设置"Emit（发射）"为"Continously（继续）"、"Particles/sec（粒子数量/秒）"为75、"Type（类型）"为"Sphere（球体）"、"Size（大小）"为3.0、"Size over Life（死亡后大小）"为线性衰减，在"Control form Main Particles（控制继承主体粒子）"选项区中设置"Stop Emit[% of Life]{停止发出[%生活]}"为30，效果如图6-7所示。

图6-6　效果图　　　　　　　　　　　　　图6-7　效果图

07 在"效果控件"面板中展开"Rendering（渲染）"选项区，设置"Disregard（忽略）"为"Physics Time Factor（PTF）（物理学时间因素）"，选择"烟花.avi"图层，设置该图层的"叠加模式"为"屏幕"，效果如图6-8所示。

08 按小键盘上的【0】数字键预览最终效果，如图6-9所示。

图6-8 效果图

图6-9 视频效果

Example 实例 037 粒子运动

本实例主要学习"粒子运动"特效的常规使用方法，通过本实例的学习，读者可以深入了解"粒子运动"特效在粒子替代方面的具体应用。本实例最终效果如图6-10所示。

图6-10 视频效果

素材文件	光盘\素材\第6章\眼镜.jpg
效果文件	光盘\效果\第6章\粒子运动.aep
视频文件	光盘\视频\第6章\实例037 粒子运动.mp4

01 按【Ctrl＋N】键创建一个预置为PAL D1/DV的合成，设置"合成名称"为"粒子运动"、"持续时间"为（0:00:03:00）秒；按【Ctrl＋I】组合键，导入素材"眼镜.jpg"文件，并将其拖曳到时间线面板上，如图6-11所示。

02 按【Ctrl＋Y】键创建一个固态层，将其命名为"粒子"，设置"颜色"为黑色，如图6-12所示。

03 选择"粒子"图层，单击"效果"→"模拟"→"粒子运动场"菜单命令，如图6-13所示。

04 在"效果控件"面板中，展开"发射"选项区，设置"位置"为（530.0,280.0）、"圆筒半径"为500.00、"每秒粒子数"为50.00、"方向"为（0×＋15.0°）、"随机扩散方向"为25.00、"随机扩散速率"为50.00、"颜色"为白色，如图6-14所示。

图6-11　拖曳素材至时间线面板

图6-12　新建固态层

图6-13　单击命令

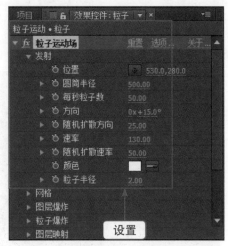

图6-14　设置参数

05 展开"重力"选项区，设置"力"为10.00、"随机扩散力"为0.50、"方向"为（0×+200.0°），如图6-15所示。

06 按小键盘上的【0】数字键预览最终效果，如图6-16所示。

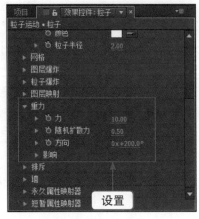

图6-15　设置参数

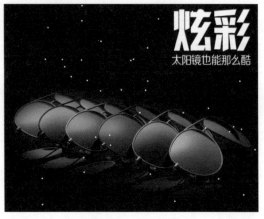

图6-16　视频效果

本实例主要学习"Particular（粒子）"插件在制作路径动画方面的应用。本实例最终效果如图6-17所示。

图6-17 视频效果

素材文件	光盘\素材\第6章\背景.jpg
效果文件	光盘\效果\第6章\粒子光效.aep
视频文件	光盘\视频\第6章\实例038 粒子光效.mp4

01 单击"合成"→"新建合成"命令，创建一个预置为HDV/HDTV的合成，设置"合成名称"为"光效"、"持续时间"为（0:00:05:00）秒，如图6-18所示。

02 按【Ctrl＋I】键导入素材"大床"文件，并将其拖曳到时间线上；单击"图层"→"新建"→"灯光"命令，创建点光源，设置"名称"为Emitter、"灯光类型"为"点"、"强度"为32%、"颜色"为"白色"，如图6-19所示。

03 单击"图层"→"新建"→"空对象"命令，创建一个虚拟体，并将其转化成三维图层；设置虚拟的关键帧动画，在第0帧处设置"位置"为（400.0,7000.0,－100.0），在第1秒处设置"位置"为（350.0,275.0,－600.0），在第2秒处设置"位置"为（605.0,115.0,－330.0），在第3秒处设置"位置"为（660.0,－125.0,2000.0），在第4秒处设置"位置"为（360.0,750.0,1000.0），在第4秒24帧处设置"位置"为（300.0,300.0,－1000.0），如图6-20所示。

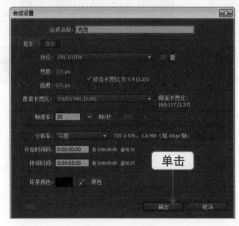 

图6-18 新建合成　　　　　图6-19 设置参数

04 选择Emitter图层，按【P】键，按住【Alt】键的同时单击灯光的"位置"属性，并将其"位置"属性链接到虚拟体的"位置"属性上，如图6-21所示。

图6-20　设置参数

图6-21　设置参数

05 按【Ctrl＋Y】键创建一个固态层，设置"名称"为"光效"、"颜色"为"黑色"；选择"光效"图层，单击"效果"→Trapcode→Particular（粒子）命令，添加Particular（粒子）效果，如图6-22所示。

06 展开Emitter（发射）选项区，设置Particles/sec（粒子数量/秒）为9000、Emitter Type（发射类型）为Light（s）（灯光）、Postion Subframe（位置子帧）为Linear（线性）、Velocity（速率）为110.0、Velocity Random（随机运动）为0.0、Velocity Distribution（速度分部）为0.0、Velocity from Motion（继承运动速度）为0.0、Emitter Size X（发射大小X）为55、Emitter Size Y（发射大小Y）为0、Emitter Size Z（发射大小Z）为0，效果如图6-23所示。

图6-22　添加Particular（粒子）效果

图6-23　设置参数

07 展开Particle（粒子）选项区，设置Life[sec]（生命[秒]）为2.0、Life Random[%]（生命随机）为100、Particle Type（粒子类型）为Glow Sphere（No DOF）[辉光球（没有自由度）]、Sphere Feather（球体羽化）为100.0、Size（大小）为2.0、Size Random[%]（大小随机）为9.0、Size over Life（死亡后大小）和Opacity over Life（死亡后不透明度）为线性衰减、Transfer Mode（应用模式）为Screen（屏幕）模式；选择"光效"图层，设置该图层的"叠加模式"为"相加"，效果如图6-24所示。

08 按小键盘上的【0】数字键预览最终效果，如图6-25所示。

图6-24 效果图

图6-25 视频效果

039 粒子汇聚

本实例主要学习使用"CC Scatterize（散射效果）"特效的高级方法。通过本实例的学习，读者可以深入了解"CC Scatterize（散射效果）"特效在模拟粒子汇聚方面的应用。本实例最终效果如图6-26所示。

素材文件	光盘\素材\第6章\背景.jpg
效果文件	光盘\效果\第6章\粒子汇聚.aep
视频文件	光盘\视频\第6章\实例039 粒子汇聚.mp4

图6-26 视频效果

01 单击"合成"→"新建合成"命令，创建一个预置为HDV/HDTV的合成，设置"合成名称"为"粒子汇聚"、"持续时间"为（0:00:04:01）秒，如图6-27所示。

02 使用横排文字工具，创建FASHION STYLE文字图层，设置该图层的"字体系列"为"方正黑体简体"、"字体大小"为72像素，设置FASHION的颜色为黑色、STYLE的颜色为粉红色（FC7DB6），如图6-28所示。

图6-27 新建图层　　　　　　　　　　图6-28 设置参数

03 选择"文字"图层，单击"效果"→"模拟"→"CC Scatterize（散射效果）"命令，添加"CC Scatterize（散射效果）"效果，如图6-29所示。

04 展开"CC Scatterize（散射效果）"选项区，在第0帧处设置"Scatter（散开）"为100.0、"Left Twist（右转）"为（10×+0.0°），在第3秒处设置"Scatter（散开）"为0.0、"Left Twist（右转）"为（0×+0.0°）；选择"文字"图层，在第0帧处设置"不透明度"为0%，在第5帧处设置"不透明度"为100%，效果如图6-30所示。

图6-29　添加效果

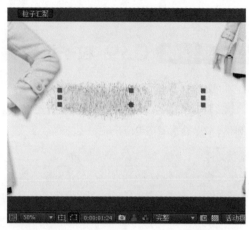

图6-30　效果图

05 按【Ctrl+I】键导入素材"背景"和"横条动画"素材，并将其拖曳到该合成的时间线上，将"背景"图层放在最下面，将"文字"图层放在最上面，如图6-31所示。

06 按小键盘上的【0】数字键预览最终效果，如图6-32所示。

图6-31　拖曳素材

图6-32　视频效果

Example 实例 040 花瓣飘落

本实例主要学习使用"碎片"特效的高级方法。通过本实例的学习，读者可以深入了解"碎片"特效在模拟花瓣飘落方面的应用。本实例最终效果如图6-33所示。

素材文件	光盘\素材\第6章\花瓣.jpg
效果文件	光盘\效果\第6章\花瓣飘落.aep
视频文件	光盘\视频\第6章\实例040 花瓣飘落.mp4

图6-33 视频效果

01 单击"合成"→"新建合成"命令，创建一个预置为PLA D1/DV的合成，设置"合成名称"为"花瓣飘落"、"持续时间"为（0:00:05:01）秒，如图6-34所示。

02 按【Ctrl＋I】键导入素材"花瓣"、"遮罩"和"背景"文件，并将其拖曳到"花瓣飘落"合成的时间线上；隐藏"遮罩"图层，将"背景图层"放在最底下，设置"缩放"为（58.0,58.0%），将"花瓣"图层放在最上面；选择"花瓣"图层，单击"效果"→"模拟"→"碎片"命令，添加"碎片"效果，如图6-35所示。

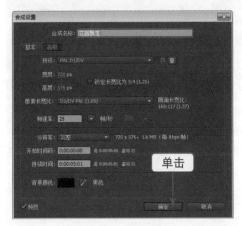

图6-34 新建图层

图6-35 添加"碎片"效果

03 选择"花瓣"图层，设置"视图"为"已渲染"、"渲染"为"块"；展开"形状"选项区，设置"图案"为"自定义"、"自定义碎片图"为"2.遮罩.jpg"，选中"白色拼图已修复"复选框，设置"凸出深度"为0.00，效果如图6-36所示。

04 展开"作用力1"选项区，设置"半径"为5.00；展开"物理学"选项区，设置"旋转速度"为0.10、"随机性"为0.50、"大规模方差"为12%、"重力"为1.00，效果如图6-37所示。

05 展开"摄像机位置"选项区，设置"X轴旋转"为（0×＋20.0°）、"Y轴旋转"为（0×＋－86.0°）、"Z轴旋转"为（0×＋26.0°）、"X、Y位置"为"（500.0,1100.0）"、"焦距"为50.00；选择"花瓣"图层，单击"效果"→"生成"→"四色渐变"命令，设置"颜色1"为红色（FFB5DB）、"颜色2"为红色（FF0000）、"颜色3"为红色（FF00CC）、"颜色4"为红色（FF0492），效果如图6-38所示。

06 按小键盘上的【0】数字键预览最终效果，如图6-39所示。

图6-36　效果图

图6-37　效果图

图6-38　效果图

图6-39　视频效果

Example 实例 041 粒子照片打印特效

　　本实例主要学习使用粒子照片打印特效的方法。通过本实例的学习，读者可以深入了解文本图层的"叠加模式"和"碎片"特效的应用。本实例最终效果如图6-40所示。

图6-40　视频效果

素材文件	光盘\素材\第6章\粒子照片打印特效.aep
效果文件	光盘\效果\第6章\粒子照片打印特效.aep
视频文件	光盘\视频\第6章\实例041 粒子照片打印特效.mp4

01 按【Ctrl+O】键打开项目"粒子照片打印特效.aep"文件,选择"未标题-1"图层,单击"效果"→"模拟"→"碎片"命令,添加"碎片"效果,如图6-41所示。

02 展开"形状"选项区,设置"视图"为"已渲染"、"图案"为"蛋"、"重复"为40.00、"方向"为(0×+0.0°)、"源点"为(177.8,123.6)、"凸出深度"为0.05;展开"作用力1"选项区,设置"位置"为(177.8,123.6)、"深度"为0.20、"半径"为2.00、"强度"为6.00;展开"作用力2"选项区,设置"位置"为(0.0,0.0)、"深度"为0.00、"半径"为0.00、"强度"为0.00,效果如图6-42所示。

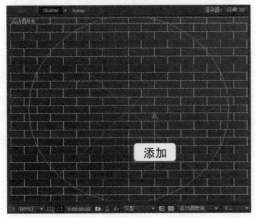

图6-41 添加"碎片"效果

图6-42 效果图

03 展开"渐变"选项区,在第0帧处设置"碎片阈值"为0%,在第2秒处设置"碎片阈值"为100%,设置"渐变图层"为2.Ramp,如图6-43所示。

04 展开"物理学"选项区,设置"旋转速度"为0.00、"倾覆轴"为"自由"、"随机性"为0.20、"粘度"为0.00、"大规模方差"为20%、"重力"为6.00、"重力方向"为(0×+90.0°)、"重力倾向"为0.00、"摄像机系统"为"合成摄像机",效果如图6-44所示。

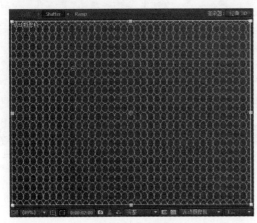

图6-43 效果图

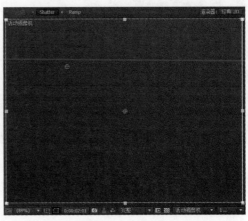

图6-44 效果图

05 按【Ctrl+Alt+Shift+C】键创建一个摄像机，设置"预设"为"35毫米"，在"单位"列表中选择"像素"选项；按【Ctrl+Y】键创建一个固态层，将其命名为"摄像机调节"，隐藏该图层，并打开该图层的三维层按钮，将"摄像机1"图层设置为"摄像机调节"图层的子层，效果如图6-45所示。

06 选择"摄像机1"图层，在第0帧处设置"位置"为（320.0，−800.0，0.0），在第1秒1帧处设置"位置"为（320.0，−560.0，−250.0），在第4秒24帧处设置"位置"为（320.0，−560.0，−800.0）；选择"摄像机调节"图层，按【R】键，设置"方向"为（90.0，0.0，0.0），在第0帧处设置"Y轴旋转"为（0×+0.0°），在第4秒24帧处设置"Y轴旋转"为（0×+90.0°），效果如图6-46所示。

图6-45 父级捆绑

图6-46 效果图

07 按【Ctrl+Y】键创建一个固态层，设置"名称"为"图片背景"、"颜色"为灰色（6E6E6E），单击"确定"按钮，打开该图层的三维层按钮，如图6-47所示。

08 选择"图片背景"图层，在第3秒24帧处设置"位置"为（320.0，240.0，0.0）、"不透明度"为50%，在第4秒24帧处设置"位置"为（1200.0，240.0，0.0）、"不透明度"为0%，如图6-48所示。

图6-47 打开三维图层

图6-48 设置参数

09 在"合成"时间线面板中选择Shatter图层，按【Ctrl+Alt+T】键，在第0帧处设置"时间重映射"为（0:00:04:24），在第4秒24帧处设置"时间重映射"为（0:00:00:00），选择Shatter图层，并将Shatter图层拉长到（0:00:05:24）处，如图6-49所示。

⑩ 按小键盘上的【0】数字键预览最终效果，如图6-50所示。

图6-49 设置参数

图6-50 视频效果

Example 实例 042 粒子文字

　　本实例主要学习利用"Form（形状）"插件和"Shine（发光）"插件制作粒子文字特效的方法。通过本实例的学习，读者可以深入了解"Form（形状）"插件和"Shine（发光）"插件在制作粒子文字效果的综合应用。本实例最终效果如图6-51所示。

图6-51 视频效果

素材文件	光盘\素材\第6章\粒子文字.aep
效果文件	光盘\效果\第6章\粒子文字特效.aep
视频文件	光盘\视频\第6章\实例042 粒子文字特效.mp4

01 按【Ctrl＋O】键打开项目"粒子文字.aep"文件，按【Ctrl＋Y】键设置"名称"为Black、"颜色"为黑色，单击"确定"按钮，如图6-52所示；选择Black图层，单击"效果"→"生成"→"圆形"命令，添加"圆形"效果。

02 选择Black图层，在第0帧处设置"圆中心"为（－98.0，－51.4），在第1秒处设置"圆中心"为（273.6，327.1），在第1秒24帧处设置"圆中心"为（565.9，302.2），在第3秒处设置"圆中心"为（877.3，－70.0），设置"圆半径"为170.0、"羽化外侧边缘"为50.0、"颜色"为白色，如图6-53所示。

03 按【Ctrl＋Alt＋Shift＋C】键创建一个摄像机，设置"预设"为"35毫米"，如图6-54所示。

04 按【Ctrl＋Y】键创建一个固态层，并将其命名为Deep，设置"颜色"为黑色，单击"确定"按钮，如图6-55所示。

图6-52 新建合成

图6-53 添加"圆形"效果

图6-54 创建摄像机

图6-55 新建"Deep"图层

05 选择Deep图层,单击"效果"→Trapcode→"Form(形状)"命令,在"效果控件"面板中展开"Bose Form(基础形式)"选项区,设置"Size X(大小X)"为400、"Size Y(大小Y)"为400、"Size Z(大小Z)"为200、"Particle in X(X中的粒子)"为400、"Particle in Y(Y中的粒子)"为400,"Particle in Z(Z中的粒子)"为1,效果如图6-56所示。

06 在"效果控件"面板中,展开"Quick Maps(快速贴图)"选项区,设置"Opacity Map(不透明度贴图)"和"Color Map(彩色贴图)"的参数;在"效果控件"面板中展开"Layer Maps(图层贴图)"选项区,在"Color and Alpha(颜色和Alpha)"参数项中设置"Layer(图层)"为3.Map、"Functionality(功能)"为A to A、"Map Over(地图)"为XY,效果如图6-57所示。

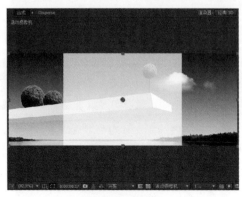

图6-56 效果图

图6-57 效果图

07 在"效果控件"面板中展开"Fractal Strength（分形强度）"选项区，设置"Layer（图层）"为1.Disperse、"Map Over（地图）"为XY；展开"Disperse（分形）"选项区，设置"Layer（图层）"为2.Disperse、"Map Over（地图）"为XY，效果如图6-58所示。

08 展开"Fractal Field（分形领域）"选项区，设置"Affect Opacity（影响不透明度)"为5、"Displacement Mode（位移模式）"为"XYZ Individual（XYZ链接）"、"X Displace（X向外）"为119、"F Scale（量表）"为20.0，效果如图6-59所示。

 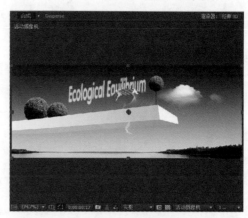

图6-58 效果图　　　　　　　　　　　　图6-59 效果图

09 选择Deep图层，单击"效果"→Trapcode→"Shine（发光）"命令，在第0秒处设置"Source Point（发光点）"为（192.0,100.0），在第3秒04帧处设置"Source Point（发光点）"为（626.0,100.0）；在第0帧处设置"Ray Length（光芒长度）"为0.0，在第9帧处设置"Ray Length（光芒长度）"为3.0，在第3秒04帧处设置"Ray Length（光芒长度）"为0.0；在第0帧处设置"Boost Light（提高亮度）"为0.0，在第9帧处设置"Boost Light（提高亮度）"为1.4，在第1秒19帧处设置"Boost Light（提高亮度）"为3.0，在第3秒04帧处设置"Boost Light（提高亮度）"为0.0，设置"Colorize（颜色模式）"为"3-Color Gradient（三色渐变）"、"Base On（基于)"为Alpha，效果如图6-60所示。

10 按小键盘上的【0】数字键预览最终效果，如图6-61所示。

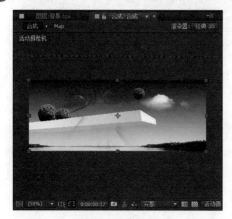 

图6-60 效果图　　　　　　　　　　　　图6-61 视频效果

Example 实例 043 超炫粒子

本实例主要学习利用"Particular（粒子）"插件制作超炫粒子效果的方法。本实例最终效果如图6-62所示。

图6-62 视频效果

素材文件	光盘\素材\第6章\超炫粒子.aep
效果文件	光盘\效果\第6章\超炫粒子.aep
视频文件	光盘\视频\第6章\实例043 超炫粒子.mp4

01 按【Ctrl＋O】键打开项目"超炫粒子.aep"文件，按【Ctrl＋Y】键创建一个固态层，设置"名称"为pa、"颜色"为黑色，单击"确定"按钮，如图6-63所示。

02 选择pa图层，单击"效果"→Trapcode→"Particular（粒子）"命令，添加"Particular（粒子）"效果，如图6-64所示。

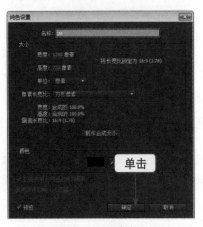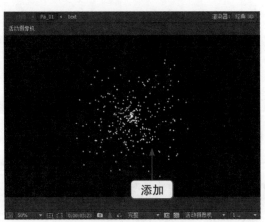

图6-63 新建合成   图6-64 添加"Particular粒子"效果

03 在"效果控件"面板中展开"Emitter(发射器)"选项区，设置"Particles/Sec(粒子数量/秒)"为200000.0、"Emitter Type(发射器类型)"为Layer(图层)、"Direction(方向)"为Bi-Directional（双向）、"Velocity（速率）"为1000.0、"Velocity Random（随机运动）"为10.0、"Velocity form Motion（继承随机运动）"为10.0、"Layer（图层）"为2.Text、"Layer Samping（图层采样）"为Particle Birth Time（粒子出生时间），效果如图6-65所示。

04 在"效果控件"面板中展开"Particle(粒子)"选项区，设置"Life [Sec]（生命/

秒）"为2.5、"Life Random[%](生命随机）"为50.0、"Size(大小）"为2.0、"Size Rabdom[%](大小随机）"为50.0、"Opacity Random[%]（不透明度随机）"为50.0，效果如图6-66所示。

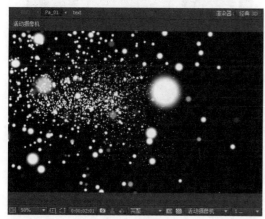

图6-65 效果图

图6-66 效果图

05 在"效果控件"面板中展开"Physice（物理学）"选项区，设置"Air Resistance（空气阻力）"为100.0、"Spin Amplitude（旋转幅度）"为30.0、"Spin Frequency（旋转频率）"为10.0、"Affect Size（影响尺寸）"为40.0、"Affect Position（影响位置）"为1000.0、"Evolution Speed（演变速度）"为100.0、"Move with Wind（随风运动）"为0.0，如图6-67所示

06 在"效果控件"面板中展开"Motion Blur（运动模糊）"选项区，设置"Motion Blur（运动模糊）"为"On（开启）"，效果如图6-68所示。

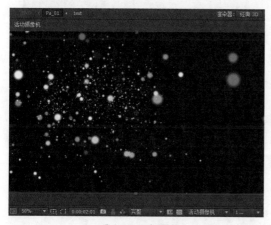

图6-67 效果图

图6-68 效果图

07 选择pa图层，在第0帧处设置"Particles/Sec(粒子数量/秒）"为200000.0、"Spin Amplitude（旋转振幅）"为30.0、"Affect Size（影响大小）"为40.0、"Affect Position（影响位置）"为1000.0，效果如图6-69所示。

08 在第4秒处设置"Particles/Sec(粒子数量/秒）"为0、"Spin Amplitude（旋转振幅）"为10.0、"Affect Size（影响大小）"为5.0、"Affect Position（影响位置）"为5.0，效果如图6-70所示。

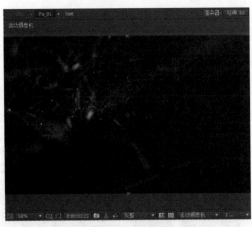

图6-69　效果图　　　　　　　　　　图6-70　效果图

09 将Text图层、pa_01图层、pa_02图层和"标语"图层拖曳到End合成的时间线上，并分别设置Text图层、pa_01图层和pa_02图层的"叠加模式"为"相加"，如图6-71所示。

10 选择Text图层和pa_02图层，将其入点设置在第2秒10帧处，如图6-72所示。

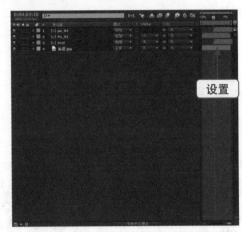

图6-71　拖曳图层　　　　　　　　　图6-72　设置相应图层的入点

11 选择Text图层，在第4秒处设置"不透明度"为0%，在第5秒处设置"不透明度"为100%；选择pa_01图层，在第4秒20帧处设置"不透明度"为100%，在第5秒24帧处设置"不透明度"为0%，如图6-73所示。

12 按小键盘上的【0】数字键预览最终效果，如图6-74所示。

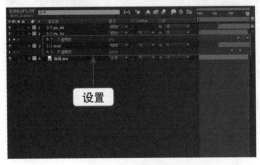

图6-73　设置参数　　　　　　　　　图6-74　视频效果

7 绚丽光线特效

学习提示

光效的制作和应用是影视制作中的基本要素之一，同时也是不少设计师关注的重点，完美的光效能给我们的影片增色不少。本章中介绍了多种常用的光效制作方法，合理的运用这些方法来完成光效的制作，可以开拓新的制作思路。

本章关键实例导航

- 实例044 放射光效
- 实例045 灵动线条光效
- 实例046 光环光效
- 实例047 光带光效
- 实例048 描边光效
- 实例049 光影特效
- 实例050 放射光特效
- 实例051 旋转光效

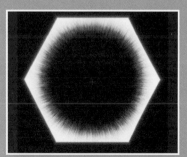

光带特效

本实例主要学习"湍流杂色"效果和"色相/饱和度"效果的综合应用。通过本实例的学习，读者可以深入了解放射光效的制作方法。本实例最终效果如图7-1所示。

图7-1 视频效果

素材文件	光盘\素材\第7章\放射光效.aep
效果文件	光盘\效果\第7章\放射光效.aep
视频文件	光盘\视频\第7章\实例044 放射光效.mp4

01 按【Ctrl+O】键打开"放射光效.aep"项目文件，按【Ctrl+Y】键创建一个新的固态层，设置"名称"为"噪音"、"颜色"为黑色，单击"确定"按钮，如图7-2所示。

02 选择"噪音"图层，单击"效果"→"杂色和颗粒"→"湍流杂色"命令，在"效果控件"面板中展开"湍流杂色"选项区，设置"对比度"为160.0、"亮度"为11.0，展开"变换"选项区，取消选中"统一缩放"复选框，设置"缩放宽度"为10000.0、"缩放高度"为6.0，在第0帧处设置"演化"为（0×+0.0°），在第4秒24帧处设置"演化"为（40×+0.0°），如图7-3所示。

图7-2 创建固态层 　　　　图7-3 设置参数

03 选择"噪音"图层，使用矩形工具，给其添加一个蒙版遮罩，取消"蒙版羽化"的约束比例，设置"蒙版羽化"为（150.0,45.0）像素，如图7-4所示。

04 选择"噪音"图层,按【Ctrl+Shift+C】键设置"新合成名称"为"噪音合成"、选中"将所有属性移动到新合成"单选按钮,单击"确定"按钮,如图7-5所示。

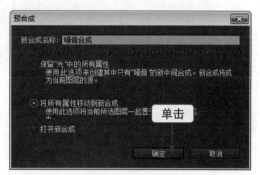

图7-4 设置参数　　　　　　　　　　　图7-5 创建预合成

05 选择"噪音合成"图层,单击"效果"→"扭曲"→"边角定位"命令;在"效果控件"面板中展开"边角定位"选项区,设置"左上"为(−45.0,450.0)、"右上"为(1220.0,−2450.0)、"左下"为(−10.0,530.0)、"右下"为(2570.0,1350.0),效果如图7-6所示。

06 选择"噪音合成"图层,单击"效果"→"颜色校正"→"色相/饱和度"命令,在"效果控件"面板中展开"色相/饱和度"选项区,选中"彩色化"复选框,设置"着色色调"为(0×+100.0°)、"着色饱和度"为80、"着色亮度"为0,如图7-7所示。

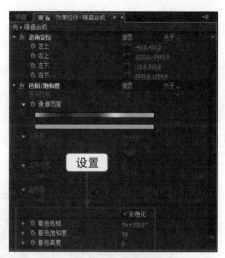

图7-6 效果图　　　　　　　　　　　图7-7 设置参数

07 选择"噪音合成"图层,按【Ctrl+D】键复制出一个新的图层,设置名称为"噪音合成1";选择"噪音合成1"图层,设置该图层的"叠加模式"为"相加",如图7-8所示。

08 按小键盘上的【0】数字键预览最终效果,如图7-9所示。

图7-8　设置图层的叠加模式

图7-9　视频效果

Example 实例 045 灵动线条光效

本实例主要学习利用"勾画"特效和钢笔路径绘制光线。通过本实例的学习，读者可以深入了解灵动线条光效的制作方法。本实例最终效果如图7-10所示。

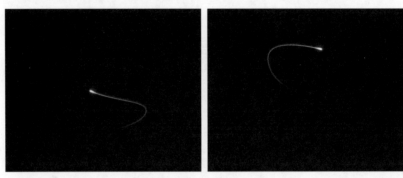

图7-10　视频效果

素材文件	光盘\素材\第7章\灵动线条光效.aep
效果文件	光盘\效果\第7章\灵动线条光效.aep
视频文件	光盘\视频\第7章\实例045 灵动线条光效.mp4

01 按【Ctrl+O】键打开项目"灵动线条光效.aep"文件，单击工具栏中的"钢笔工具"，选择"拖尾"层，在合成窗口中绘制一条路径，如图7-11所示。

02 在"效果和预设"面板中展开"生成"特效组，使用鼠标左键双击"勾画"特效，如图7-12所示。

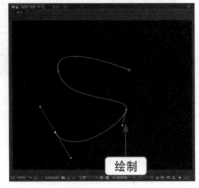

图7-11　绘制路径

图7-12　双击"勾画"特效

03 将时间指示器拖曳至00:00:00:00的位置，在"效果控件"面板的"描边"右侧下拉列表框中选择"蒙版/路径"选项；在"路径"右侧的下拉列表框中选择"蒙版1"选项；展开"片段"选项组，修改"片段"值为1，单击"旋转"左侧的码表按钮，在当前位置添加关键帧，设置"旋转"的值为（0×−50.0°）；展开"正在渲染"选项组，设置"颜色"为白色，"宽度"的值为1.50，"硬度"为0.500，"中点不透明度"的值为−1.000，"中点位置"为0.950，如图7-13所示。

04 拖曳时间指示器至00:00:04:00的位置，设置"旋转"为（−1×−50.0°），如图7-14所示。

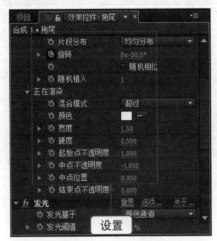

图7-13　设置参数

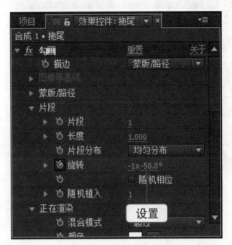

图7-14　设置参数

05 在"效果和预设"面板中展开"风格化"特效组，使用鼠标左键双击"发光"特效，如图7-15所示。

06 在"效果控件"面板中展开"发光"选项组，修改"发光阈值"为21.0%，"发光半径"为5.0，"发光强度"为2.6，"发光颜色"为"A和B颜色"，"颜色A"为紫红色（FF00FF），"颜色B"为蓝色（0000FF），如图7-16所示。

图7-15　双击"发光"特效

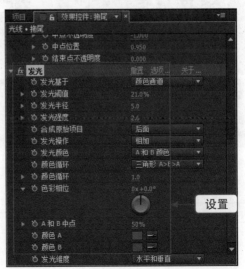

图7-16　设置参数

07 选择"拖尾"固态层，按【Ctrl＋D】键复制出新的一层并重命名为"光点"，修改"光点"层的"模式"为"相加"，如图7-17所示。

08 在"效果控件"面板中，展开"勾画"选项组，修改"长度"为0.06，"宽度"为7.00，效果如图7-18所示。

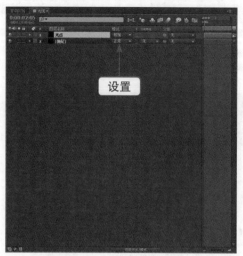

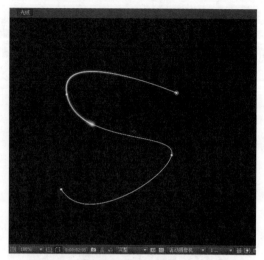

图7-17　设置参数　　　　　　　　　　　　图7-18　效果图

09 展开"发光"特效，设置"发光阈值"为32.0%，"发光半径"为26.0，"发光强度"为3.6，"颜色A"为淡紫色（DEADFF），"颜色B"为紫色（6B18C2），效果如图7-19所示。

10 按小键盘上的【0】数字键预览最终效果，如图7-20所示。

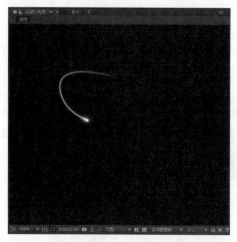

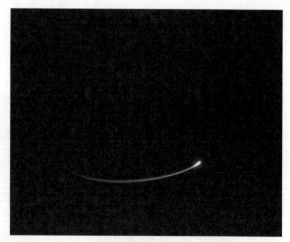

图7-19　效果图　　　　　　　　　　　　图7-20　视频效果

Example 实例 **046** 光环光效

本实例主要学习利用"勾画"特效制作变形光环效果的方法。本实例最终效果如图7-21所示。

图7-21 视频效果

素材文件	光盘\素材\第7章\光环光效.aep
效果文件	光盘\效果\第7章\光环光效.aep
视频文件	光盘\视频\第7章\实例046 光环光效.mp4

01 按【Ctrl+O】键打开项目"光环光效.aep"文件，在工具栏中选择"椭圆工具"绘制一个圆形路径，打开"描边1"层三维开关；在"效果和预设"面板中展开"生成"特效组，使用鼠标左键双击"勾画"特效，如图7-22所示。

02 在"效果控件"面板中，从"描边"下拉列表框中选择"蒙版/路径"选项，展开"蒙版/路径"选项组，设置"片段"为1，"长度"为0.700，将时间调整到00:00:00:00的位置，设置"旋转"为0，单击"旋转"左侧的码表按钮，添加关键帧，如图7-23所示。

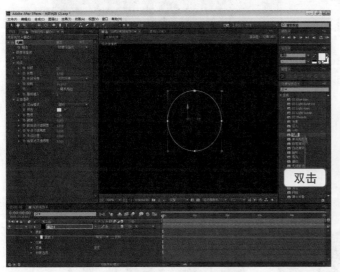

图7-22 双击"勾画"特效

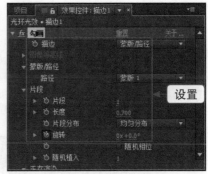

图7-23 设置参数

03 将时间调整到00:00:04:20的位置，设置"旋转"为（−2×0.0°），系统会自动添加关键帧，展开"正在渲染"选项组，从"混合模式"下拉列表框中选择"透明"选项，设置"颜色"为白色，"宽度"为7.00，"硬度"为0.400，效果如图7-24所示。

04 在"效果和预设"面板中，展开"风格化"特效组，使用鼠标左键双击"发光"特效，如图7-25所示。

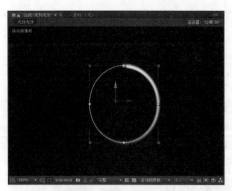

图7-24 效果图

图7-25 双击"发光"特效

05 在"效果控件"面板中,设置"发光阈值"为45.0%,"发光半径"为55.0,"发光强度"为2.1,从"发光颜色"右侧的下拉列表框中选择"A和B颜色"选项,设置"颜色A"为青色(00FFFF),"颜色B"为白色,如图7-26所示。

06 选择"描边1"层,按【Ctrl+D】键复制一个新图层,将该图层更改为"描边2",按【R】键打开"旋转"属性,设置"Y轴旋转"为121,"Z轴旋转"为195,效果如图7-27所示。

图7-26 设置参数

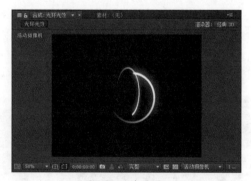

图7-27 效果图

07 选择"描边2"层,按【Ctrl+D】键复制一个新图层,将该图层更改为"描边3",按【R】键打开"旋转"属性,设置"X轴旋转"为215,"Y轴旋转"为130,"Z轴旋转"为0,效果如图7-28所示。

08 按【Ctrl+I】键导入素材"背景.jpg"文件,按小键盘上的【0】数字键预览最终效果,如图7-29所示。

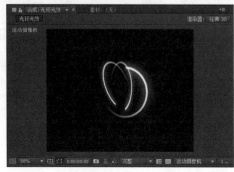

图7-28 效果图

图7-29 视频效果

Example 实例 047 光带光效

本实例主要学习使用"湍流杂色"特效和"贝赛尔曲线变形"特效模拟光带光效的方法。本实例最终效果如图7-30所示。

图7-30　视频效果

素材文件	光盘\素材\第7章\光带光效.aep
效果文件	光盘\效果\第7章\光带光效.aep
视频文件	光盘\视频\第7章\实例047　光带光效.mp4

01 按【Ctrl＋O】键打开项目"光带光效.aep"文件，按【Ctrl＋Y】键创建一个固态层，设置"名称"为"蓝色"、"宽度"为300像素、"高度"为600像素、"颜色"为黑色，如图7-31所示。

02 选择"蓝色"图层，单击"效果"→"杂色和颗粒"→"湍流杂色"命令，在"效果控件"面板中展开"湍流杂色"选项区，设置"对比度"为530.0、"亮度"为－95.0、"溢出"为"剪切"，展开"变换"选项区，取消选中"统一缩放"复选框，设置"缩放宽度"为71.0、"缩放高度"为3000.0，在第0帧处设置"演化"为（0×＋0.0°），在第6秒17帧处设置"演化"为（1×＋0.0°），如图7-32所示。

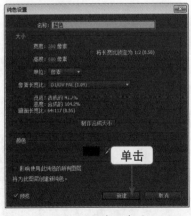

图7-31　创建固态层

图7-32　效果图

03 选择"蓝色"图层，单击"效果"→"扭曲"→"贝塞尔曲线变形"命令，在"效果控件"面板中，展开"贝塞尔曲线变形"选项区，设置"上左顶点"为（40.0，－11.0）、

"上左切点"为（155.0,5.0）、"上右切点"为（261.0,－2.0）、"右上顶点"为（495.0,－55.0）、"右上切点"为（230.0,195.0）、"右下切点"为（235.0,390.0）、"左下顶点"为（－175.0,610.0）、"左下切点"为（122.0,350.0）、"左上切点"为（130.0,225.0），效果如图7-33所示。

04 选择"蓝色"图层，依次单击"效果"→"颜色校正"→"色相/饱和度"命令和"效果"→"风格化"→"发光"命令；在"效果控件"面板中展开"色相/饱和度"选项区，选中"彩色化"复选框，设置"着色色相"为（0×＋200.0°）、"着色饱和度"为55；展开"发光"选项区，设置"发光半径"为80.0，效果如图7-34所示。

图7-33 效果图　　　　　　　　　　　图7-34 效果图

05 选择"蓝色"图层，按【Ctrl＋D】键复制出一个新图层，将其命名为"紫色"；展开"紫色"图层中的"色相/饱和度"选项区，设置"着色色相"为（0×＋280.0°）、"着色饱和度"为45，如图7-35所示。

06 选择"紫色"图层和"蓝色"图层，设置其图层的"叠加模式"为"屏幕"，设置"紫色"图层在第8秒11帧处结束；按【Ctrl＋Alt＋Shift＋C】键创建一个摄像机，设置"预设"为"35毫米"；打开文字图层、"紫色"图层和"蓝色"图层的三维开关，选择"紫色"图层，按【R】键，设置"Z轴旋转"为（0×＋180.0°），如图7-36所示。

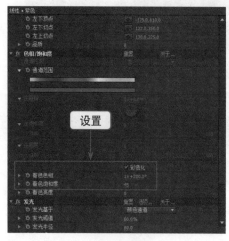 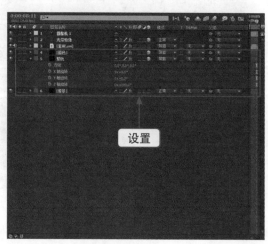

图7-35 设置参数　　　　　　　　　　图7-36 设置参数

07 选择摄像机图层，按【P】键，在第0帧处设置"位置"为（280.0,240.0,－625.0），在第5秒处设置"位置"为（605.0,240.0,－590.0），如图7-37所示。

08 按小键盘上的【0】数字键预览最终效果，如图7-38所示。

图7-37　设置参数

图7-38　视频效果

Example 实例 **048** 描边特效

本实例主要学习利用"3D Stroke（3D描边）"插件和"Starglow（星光闪耀）"插件模拟描边特效的方法，实例最终效果如图7-39所示。

图7-39　视频效果

素材文件	光盘\素材\第7章\描边特效.aep
效果文件	光盘\效果\第7章\描边特效.aep
视频文件	光盘\视频\第7章\实例048 描边特效.mp4

01 按【Ctrl＋O】键打开项目"描边光效.aep"文件，选择"中国"图层，单击"图层"→"自动跟踪"命令，自动为该图层添加蒙版遮罩，如图7-40所示。

02 选择"自动跟踪的 中国"图层，新建6个白色固态层，将上一步中创建的7个蒙版分别剪切并复制到新建的固态层中，如图7-41所示。

图7-40 创建蒙版

图7-41 粘贴蒙版

03 选择第一个图层，单击"效果"→Trapcode→"3D Stroke（3D描边）"命令；在"效果控件"面板中展开"3D Stroke（3D描边）"选项区，设置"Color（颜色）"为浅蓝色（B1BFFD）、"Thickness（厚度）"为1.6，选中"Enable（激活）"复选框，在第0帧处设置"Offset（偏移）"为−3.0，在第2秒处设置"Offset（偏移）"为104.0，效果如图7-42所示。

04 选择第一个图层，单击"效果"→Trapcode→"Starglow（星光闪耀）"命令，在"效果控件"面板中展开"Starglow（星光闪耀）"选项区，设置"Streak Length（光芒长度）"为2.6、"Boost Light（提升亮度）"为0.5、"Colormap A（颜色贴图A）"和"Colormap B（颜色贴图B）"为One Color（单一颜色）、"Color（颜色）"为白色；选择第一个图层，单击选择"3D Stroke（3D描边）"效果和"Starglow（星光闪耀）"效果，按【Ctrl＋C】键复制效果，选择第二个图层，按【Ctrl＋V】键粘贴效果，依此类推，给7个固态层添加相应效果，效果如图7-43所示。

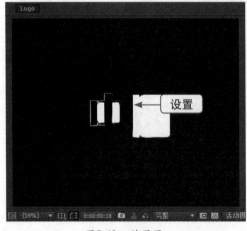

图7-42 效果图

图7-43 效果图

05 选择"中国"图层，使用椭圆工具创建一个蒙版，设置"蒙版羽化"为（50.0,50.0）像素，在第15帧处设置"蒙版扩展"为−200.0像素，在第1秒10帧处设置"蒙版扩展"为60.0像素，如图7-44所示。

06 按小键盘上的【0】数字键预览最终效果，如图7-45所示。

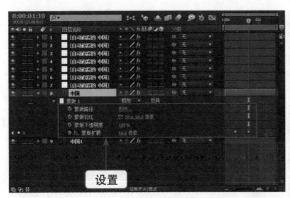

图7-44 设置参数

图7-45 视频效果

Example 实例 049 光影特效

本实例主要学习利用"Shine（发光）"插件和"湍流杂色"特效模拟光影特效的综合应用。本实例最终效果如图7-46所示。

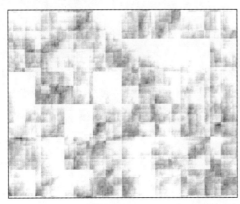
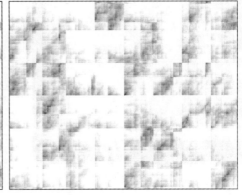

图7-46 视频效果

素材文件	光盘\素材\第7章\光影特效.aep
效果文件	光盘\效果\第7章\光影特效.aep
视频文件	光盘\视频\第7章\实例049 光影特效.mp4

01 按【Ctrl＋O】键打开"光影特效.aep"项目文件，选择"光效"图层，单击"效果"→"杂色和颗粒"→"湍流杂色"命令，添加"湍流杂色"效果，效果如图7-47所示。

02 在"效果控件"面板中，展开"湍流杂色"选项区，设置"分形类型"为"湍流锐化"、"杂色类型"为"块"、"亮度"为12.0，在第0帧处设置"演化"为（0×＋0.0°），在第9秒24帧处设置"演化"为（7×＋0.0°），效果如图7-48所示。

03 选择"光效"图层，单击"效果"→Trapcode→"Shine（发光）"命令，在"效果控件"面板中展开"Shine（发光）"选项区，设置"Transfer Mode（传输模式）"为"Color（颜色）"，效果如图7-49所示。

04 按小键盘上的【0】数字键预览最终效果，如图7-50所示。

图7-47 添加"湍流杂色"效果

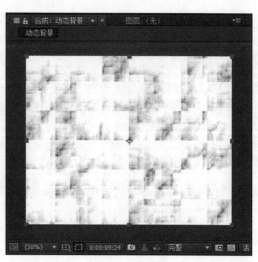

图7-48 效果图

图7-49 效果图

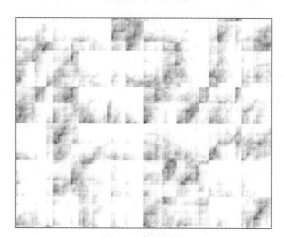

图7-50 视频效果

Example 实例 050 放射光特效

本实例主要学习使用"毛边"模拟放射波特效的方法。本实例最终效果如图7-51所示。

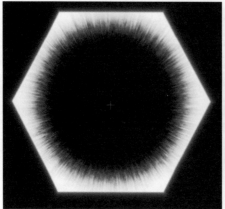

图7-51 视频效果

素材文件	光盘\素材\第7章\放射光特效.aep
效果文件	光盘\效果\第7章\放射光特效.aep
视频文件	光盘\视频\第7章\实例050 放射光特效.mp4

01 按【Ctrl＋O】键打开项目"放射光特效.aep"文件,选择"黑色"图层,单击"效果"→"风格化"→"毛边"命令,添加"毛边"效果,效果如图7-52所示。

02 选择"黑色"图层,在"效果控件"面板中展开"毛边"选项区,设置"边界"为151.00、"边缘锐度"为6.00、"比例"为11.0,在第0帧处设置"演化"为(0×＋0.0°),在第4秒20帧处设置"演化"为(5×＋0.0°),效果如图7-53所示。

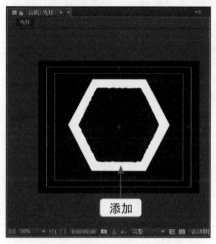

图7-52 添加"毛边"效果

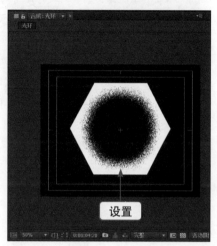

图7-53 效果图

03 按【Ctrl＋N】键创建一个新合成,设置"新合成名称"为"完成"、颜色为黑色;将"光环"图层拖曳到该合成的时间线面板上,选择"光环"图层,单击"效果"→Trapcode→"Shine(发光)"命令,在"效果控件"面板中,展开"Shine(发光)"选项区,设置"Ray Length(光芒长度)"为0.5、"Boost Light(提升亮度)"为0.6、"Colorize(颜色模式)"为"Romance(浪漫)",效果如图7-54所示。

04 按小键盘上的【0】数字键预览最终效果,如图7-55所示。

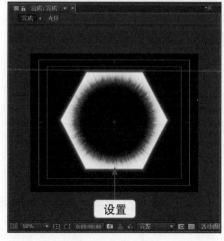

图7-54 效果图

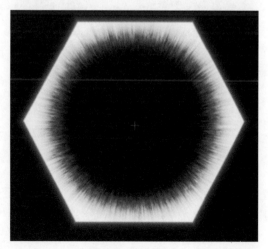

图7-55 视频效果

Example 实例 051 旋转光效

本实例主要学习使用"无线电波"模拟旋转光效的方法。本实例最终效果如图7-56所示。

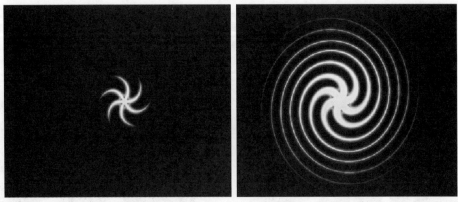

图7-56 视频效果

素材文件	光盘\素材\第7章\旋转光效.aep
效果文件	光盘\效果\第7章\旋转光效.aep
视频文件	光盘\视频\第7章\实例051 旋转光效.mp4

01 按【Ctrl+O】键打开项目"旋转光效.aep"文件,选择"旋转"图层,单击"效果"→"生成"→"无线电波"命令,添加"无线电波"效果,如图7-57所示。

02 选择"旋转"图层,在"效果控件"面板中展开"无线电波"选项区,设置"参数设置"为"每帧"、"边"为6,选中"星形"复选框,"星深度"为-0.90,效果如图7-58所示。

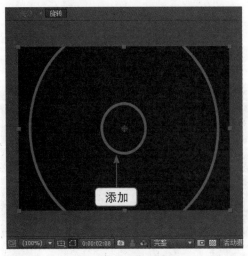

图7-57 添加"无线电波"效果

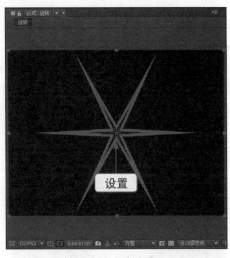

图7-58 效果图

03 选择"旋转"图层,在"效果控件"面板中展开"无线电波"选项区,设置"频率"为18.00,在第0帧处设置"扩展"为7.00,在第3秒处设置"扩展"为0.00、"颜色"为浅绿色(B9FFEA)、"淡出时间"为0.00、"开始宽度"为4.00、"末端宽度"为

1.00，效果如图7-59所示。

04 选择"旋转"图层，单击"效果"→"扭曲"→"旋转扭曲"命令，在"效果控件"面板中展开"旋转扭曲"选项区，设置"角度"为（1×＋180.0°）、"旋转扭曲半径"为50.0，效果如图7-60所示。

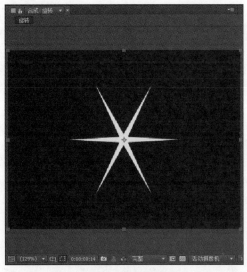

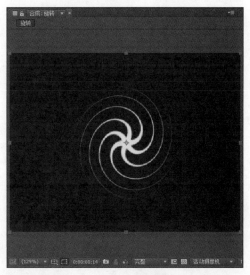

图7-59　效果图　　　　　　　　　　　图7-60　效果图

05 选择"旋转"图层，单击"效果"→"风格化"→"发光"命令，在"效果控件"面板中展开"发光"选项区，设置"发光阈值"为11.5%、"发光半径"为6.0，"发光强度"为3.0、"发光颜色"为"A和B颜色"、"颜色循环"为3.0、"颜色A"为蓝色（4CC2FF）、"颜色B"为普蓝色（00146B），效果如图7-61所示。

06 按小键盘上的【0】数字键预览最终效果，如图7-62所示。

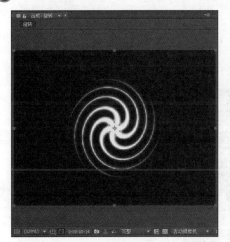

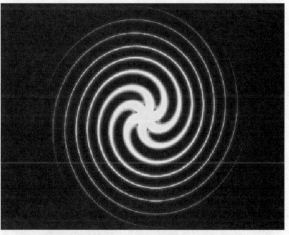

图7-61　效果图　　　　　　　　　　　图7-62　视频效果

8 模拟自然画面

学习提示

　　"仿真"特效在影视后期制作中应用广泛，同样也是难点部分，通过一些仿真特效制作出来的精彩视觉效果极大地丰富了影视后期制作的画面效果，本章通过介绍一些经典的仿真特效动画的制作，对一些常用的仿真特效用途进行深入的了解。

本章关键实例导航

- 实例052 烟雾效果
- 实例053 破碎特效
- 实例054 雨夜特效
- 实例055 时光飞逝效果
- 实例056 星光闪耀
- 实例057 电闪雷鸣
- 实例058 雪景效果
- 实例059 逼真水面

Example **实例** 052 **烟雾效果**

本实例主要学习使用"湍流杂色"特效和"三色调"特效模拟飘动烟雾效果的方法，通过本实例的学习，读者可以深入了解模拟飘动烟雾效果的相关技术。本实例最终效果如图8-1所示。

图8-1 视频效果

素材文件	光盘\素材\第8章\烟雾效果.aep
效果文件	光盘\效果\第8章\烟雾效果.aep
视频文件	光盘\视频\第8章\实例052 烟雾效果.mp4

01 按【Ctrl+O】键打开项目"烟雾效果.aep"文件，选择"烟雾"图层，按【S】键按钮，设置"缩放"为（273.0,273.0%）；单击"效果"→"杂色和颗粒"→"湍流杂色"命令，添加"湍流杂色"效果，如图8-2所示。

02 选择"烟雾"图层，在"效果控件"面板中展开"湍流杂色"选项区，设置"溢出"为"剪切"，在第0帧处设置"旋转"为（0×+0.0°），在第4秒24帧处设置"旋转"为（0×+−5.0°）、"缩放"为600.0；在第0帧处设置"偏移（湍流）"为（295.2,213.0），在第4秒24帧处设置"偏移（湍流）"为（360.0,275.0）、"复杂度"为15.0；在第0帧处设置"演化"为（0×+0.0°），在第4秒24帧处设置"演化"为（1×+211.0°），效果如图8-3所示。

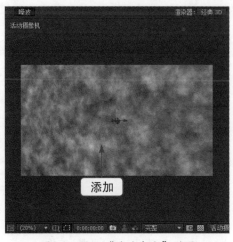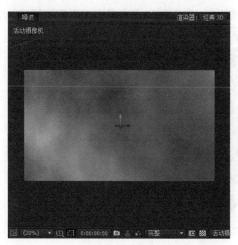

图8-2 添加"湍流杂色"效果　　　　图8-3 效果图

03 选择"烟雾"图层,单击"效果"→"模糊与锐化"→"CC Vector blur(矢量模糊)"命令;在"效果控件"面板中展开"CC Vector blur(矢量模糊)"选项区,设置"Amount(数量)"为393.0、"Angle Offset(角度)"为(0×+−48.0°)、"Ridge Smoothness(平滑值)"为16.80,效果如图8-4所示。

04 选择"烟雾"图层,单击"效果"→"颜色校正"→"色阶"命令;在"效果控件"面板中展开"色阶"选项区,设置"输入白色"为201.0;按【Ctrl+Alt+Y】键创建一个调整图层,选择调整图层,单击"效果"→"颜色校正"→"三色调"命令;在"效果控件"面板中展开"三色调"选项区,设置"中间调"为蓝色(6B86A1),效果如图8-5所示。

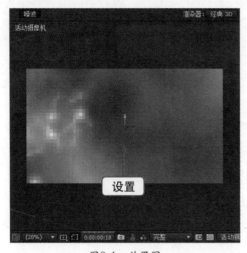

图8-4 效果图   图8-5 效果图

05 按【Ctrl+Alt+Shift+C】键创建一个摄像机,设置"预设"为"35毫米";选择摄像机图层,按【P】键,在第0帧处设置"位置"为(2188.0,540.0,−2224.7),在第4秒24帧处设置"位置"为(906.0,540.0,−1450.7),选择第0帧处关键帧,按【F9】键,如图8-6所示。

06 按小键盘上的【0】数字键预览最终效果,如图8-7所示。

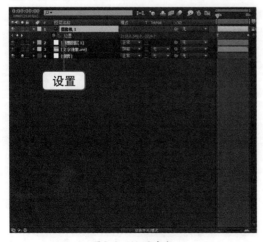

图8-6 设置参数   图8-7 视频效果

053　破碎特效

本实例主要学习"碎片"特效和"残影"特效的综合应用。通过本实例的学习，读者可以了解碎片特效的相关技术。本实例最终效果如图8-8所示。

图8-8　视频效果

素材文件	光盘\素材\第8章\破碎特效.aep
效果文件	光盘\效果\第8章\破碎特效.aep
视频文件	光盘\视频\第8章\实例053 破碎特效.mp4

01 按【Ctrl＋O】键打开项目"破碎特效.aep"文件，选择"WELCOME"图层，单击"效果"→"模拟"→"碎片"命令，添加"碎片"效果，如图8-9所示。

02 展开"碎片"选项区，设置"视图"为"已渲染"、"图案"为"砖块"、"重复"为13、"凸出深度"为0.25；展开"作用力1"选项区，在第0帧处设置"半径"为0.00，在第15帧处设置"半径"为0.60，效果如图8-10所示。

图8-9　添加"碎片"效果

图8-10　效果图

03 展开"作用力2"选项区，设置"位置"为（724.0,288.0）；在时间面板中全选"半径"的两个关键帧，在按【Ctrl】和【Alt】键的同时单击左键，如图8-11所示。

04 选择"WELCOME"图层，按【Ctrl＋Alt＋R】键反转该素材；选择该图层，按【Ctrl＋Shift＋C】键创建新合成，在弹出的"预合成"对话框中，设置"新合成名称"为"爆破素材"，选中"将所有属性移动到新合成"单选按钮，单击"确定"按钮，如图8-12所示。

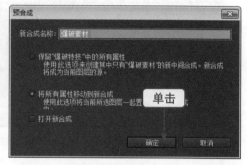

图8-11　选择关键帧　　　　　　　　　　　图8-12　创建预合成

05 选择"爆破素材"图层，单击"效果"→"时间"→"残影"命令；在"效果控件"面板中展开"残影"选项区，在第2秒10帧处设置"残影数量"为5、"衰减"为0.50，在第2秒24帧处设置"残影数量"为0、"衰减"为0.00，效果如图8-13所示。

06 按小键盘上的【0】数字键预览最终效果，如图8-14所示。

图8-13　效果图　　　　　　　　　　　图8-14　视频效果

Example 实例 054 雨夜特效

本实例主要学习"曝光度"特效和"CC Rainfall（CC下雨）"特效的综合应用。通过本实例的学习，读者可以了解"曝光度"特效在处理曝光方面和"CC Rainfall（CC下雨）"特效模拟下雨特技的高级应用。本实例最终效果如图8-15所示。

图8-15 视频效果

素材文件	光盘\素材\第8章\雨夜特效.aep
效果文件	光盘\效果\第8章\雨夜特效.aep
视频文件	光盘\视频\第8章\实例054 雨夜特效.mp4

01 按【Ctrl＋O】键打开项目"雨夜特效.aep"文件，选择"背景"图层，单击"效果"→"颜色校正"→"曝光度"命令；在"效果控件"面板中展开"主"选项区，设置"曝光度"为−1.20、"灰度系数校正"为0.75，效果如图8-16所示。

02 选择"背景"图层，单击"效果"→"模拟"→"CC Rianfall（CC下雨）"命令；在"效果控件"面板中展开"CC Rianfall（CC下雨）"选项区，设置"Size（大小）"为4.00、"Opacity（不透明度）"为35.0，效果如图8-17所示。

图8-16 效果图　　　　　　图8-17 效果图

03 选择"背景"图层，单击"效果"→"模糊与锐化"→"方框模糊"命令；在"效果控件"面板中展开"方框模糊"选项区，设置"模糊半径"为2.0，选中"重复边缘像素"复选框，效果如图8-18所示。

04 按小键盘上的【0】数字键预览最终效果，如图8-19所示。

图8-18　效果图　　　　　　　　　　　　图8-19　视频效果

Example 实例 055 时光飞逝效果

　　本实例主要学习"单元格图案"效果、"快速模糊"效果和"亮度对比度"效果的应用。通过本实例的学习，读者可以了解时光飞逝特效的制作方法。本实例最终效果如图8-20所示。

图8-20　视频效果

素材文件	光盘\素材\第8章\时光飞逝效果.aep
效果文件	光盘\效果\第8章\时光飞逝效果.aep
视频文件	光盘\视频\第8章\实例055 时光飞逝效果.mp4

01 按【Ctrl+O】键打开项目"时光飞逝效果.aep"文件，选择"时光"图层，单击"效果"→"生成"→"单元格图案"命令；在"单元格"效果面板中展开"单元格图案"选项区，设置"单元格图案"为"印板"、"分散"为0.00、"大小"为40.0，如图8-21所示。

02 选择"时光"图层，依次单击"效果"→"颜色校正"→"亮度对比度"命令和"效果"→"模糊和锐化"→"快速模糊"命令；在"效果控件"面板中展开"亮度对比度"选项区，设置"亮度"为-45.0、"对比度"为100.0；展开"快速模糊"选项区，设置"模糊度"为14.0，如图8-22所示。

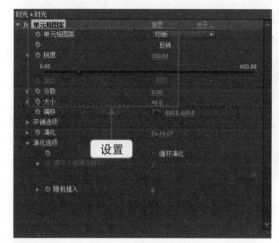

图8-21 设置参数

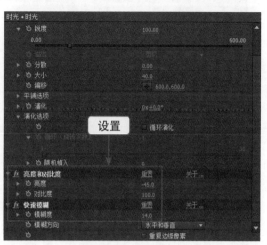

图8-22 设置参数

03 选择"时光"图层，单击"效果"→"风格化"→"发光"命令；在"效果控件"面板中，展开"发光"选项区，设置"发光阈值"为40.0%、"发光半径"为20.0、"发光颜色"为"A和B颜色"、"颜色A"为白色、"颜色B"为绿色（00C000），效果如图8-23所示。

04 选择"时光"图层，按【S】键，设置"缩放"为（2000.0,100.0,100%），效果如图8-24所示。

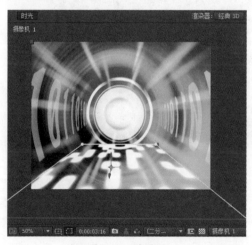

图8-23 效果图

图8-24 效果图

05 单击"图层"→"新建"→"摄像机"命令，创建一个摄像机，设置"预设"为"15毫米"；按【T】和【A】键，展开"单元格图案"选项区，在第0帧处设置"演化"为（0×+0.0°）、"锚点"为（-20.0,320.0,-10.0），在第8秒处设置"演化"为（9×+0.0°），在第8秒19帧处设置"不透明度"为100%，在第9秒24帧处设置"锚点"为（670.0,320.0,-10.0）、"不透明度"为0%，效果如图8-25所示。

06 按小键盘上的【0】数字键预览最终效果，如图8-26所示。

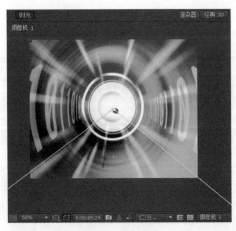

图8-25　效果图　　　　　　　　　　　　　　图8-26　视频效果

Example 实例 056 星光闪耀

本实例主要学习"CC Particle Systems II（CC粒子仿真系统）"的使用方法，通过本实例的学习，读者可以了解使用"CC Particle Systems II（CC粒子仿真系统）"特效在模拟星空、星光特技的应用。本实例最终效果如图8-27所示。

图8-27　视频效果

素材文件	光盘\素材\第8章\星光闪耀.aep
效果文件	光盘\效果\第8章\星光闪耀.aep
视频文件	光盘\视频\第8章\实例056 星光闪耀.mp4

01 按【Ctrl＋O】键打开项目"星光闪耀.aep"文件，按【Ctrl＋Y】键创建一个新的固态层，设置"名称"为"星空"、"颜色"为黑色，单击"确定"按钮，如图8-28所示。

02 选择"星空"图层，单击"效果"→"模拟"→"CC Particle Systems II（CC 粒子仿真系统）"命令；在"效果控件"面板中展开"CC Particle Systems II（CC 粒子仿真系统）"选项区，设置"Birth Rate（出生率）"为0.3、"Radius X（X轴半径）"为140.0、"Position（位置）"为（360.0,288.0）、"Radius Y（Y轴半径）"为160.0、"Velocity（速度）"为0.0、"Gravity（重力）"为0.0，效果如图8-29所示。

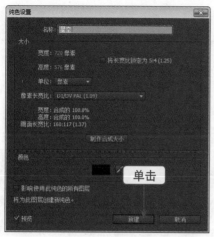

图8-28 新建固定层

图8-29 效果图

03 选择"星空"图层，展开"Particle（粒子）"选项区，设置"Particle Type（粒子类型）"为Star、"Death Size（死亡粒子大小）"为0.3、"Birth Color（产生粒子颜色）"为蓝色（20FAE8）、"Death Color（死亡粒子颜色）"为深蓝色（006084），效果如图8-30所示。

04 选择"星空"图层，单击"效果"→"风格化"→"发光"命令；在效果控件面板中展开"发光"选项区，设置"发光阈值"为21.0%、"发光半径"为9.0；选择"星空"图层，使用矩形工具，给该图层添加一个蒙版遮罩；选择"星空"图层，按【F】键，设置"蒙版羽化"为（40.0,40.0）像素，效果如图8-31所示。

图8-30 效果图

图8-31 效果图

05 选择"星空"图层，按【Ctrl＋D】键复制星空图层，并将复制出来的图层重命名为"星空1"；选择"星空1"图层，在"效果控件"面板中展开"CC Particle Systems II（CC粒子仿真系统）"选项区，设置"Birth Rate（出生率）"为0.5、"Longevity（寿命）"为1.5、"Radius X（X轴半径）"为200.0、"Birth Color（产生粒子颜色）"为黄色（FEE300），效果如图8-32所示。

06 按小键盘上的【0】数字键预览最终效果，如图8-33所示。

图8-32 效果图

图8-33 视频效果

Example 实例 057 电闪雷鸣

本实例主要学习使用"高级闪电"特效制作闪电效果动画的方法。通过本实例的学习，读者可以了解制作闪电特效方面的技术。本实例最终效果如图8-34所示。

图8-34 视频效果

素材文件	光盘\素材\第8章\电闪雷鸣.aep
效果文件	光盘\效果\第8章\电闪雷鸣.aep
视频文件	光盘\视频\第8章\实例057 电闪雷鸣.mp4

01 按【Ctrl+O】键打开项目"电闪雷鸣.aep"文件，按【Ctrl+Y】键新建一个固态层，设置"名称"为"闪电"，"颜色"为黑色，如图8-35所示。

02 选择"闪电"层，在"效果和预设"面板中展开"生成"特效组，使用鼠标左键双击"高级闪电"特效，如图8-36所示。

03 在"效果控件"面板中，从"闪电类型"右侧的下拉列表框中选择"击打"选项，设置"源点"为（125.0,115.0），"方向"为（440.0,390.0），在"发光设置"选项组中设置"发光不透明度"为11.0%，效果如图8-37所示。

04 将时间指示器拖曳到00:00:00:00的位置，单击"传导率状态"左侧的码表按钮，在当前位置添加关键帧，将时间指示器拖曳到00:00:04:20的位置，设置"传导率状态"为5.1，如图8-38所示。

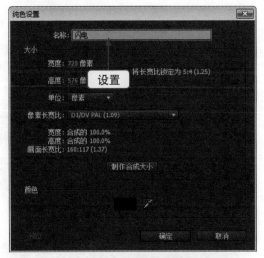

图8-35 新建固定层

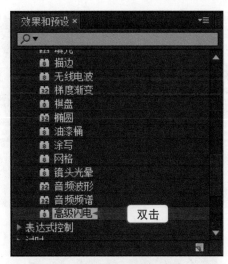

图8-36 双击特效

图8-37 效果图

图8-38 设置参数

05 将时间指示器拖曳到00:00:00:05的位置，按【T】键打开"不透明度"属性，设置"不透明度"为0%，单击"不透明度"左侧的码表按钮，在当前位置添加关键帧，将时间指示器拖曳到00:00:00:10的位置，设置"不透明度"为100%，将时间指示器拖曳到00:00:00:15的位置，设置"不透明度"为100%，将时间指示器拖曳到00:00:00:20的位置，设置"不透明度"为0%，系统会自动添加关键帧，如图8-39所示。

06 在时间线面板中选择"闪电"层，按【Ctrl＋D】键将"闪电"层复制并重命名为"闪电2"层，将"闪电2"层的入点拖曳到00:00:01:20的位置，如图8-40所示。

07 将时间指示器拖曳到00:00:02:00的位置，选择"闪电2"层，在"效果控件"面板中，设置"源点"为（135.0,75.0），"方向"为（215.0,130.0），单击"方向"左侧的码表按钮，在当前位置添加关键帧，将时间指示器拖曳到00:00:02:15的位置，设置"方向"为（635.0,445.0），系统会自动添加关键帧，如图8-41所示。

08 在时间线面板中选择"闪电"层，按【Ctrl＋D】键，将"闪电"层复制并重命名为"闪电3"层，并将"闪电3"层的入点拖曳至00:00:03:10的位置，如图8-42所示。

图8-39 设置参数

图8-40 拖曳图层

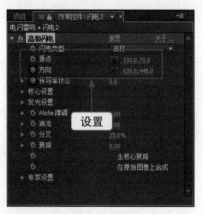

图8-41 设置参数

图8-42 拖曳图层

09 选择"闪电3"层，在"效果控件"面板中，从"闪电类型"右侧的下拉列表框中选择"全方位"选项，设置"源点"为（551.0,100.0），"外径"为（320.0,365.0），如图8-43所示。

10 按小键盘上的【0】数字键预览最终效果，如图8-44所示。

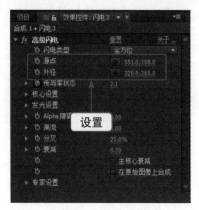

图8-43 设置参数

图8-44 视频效果

本实例主要学习利用CC Snowfall（CC下雪）特效制作雪景效果的方法。通过本实例的学习，读者可以了解制作雪景效果的技术。本实例最终效果如图8-45所示。

素材文件	光盘\素材\第8章\雪景效果.aep
效果文件	光盘\效果\第8章\雪景效果.aep
视频文件	光盘\视频\第8章\实例058 雪景效果.mp4

图8-45　视频效果

01 按【Ctrl+O】键，在弹出的对话框中选择项目"雪景效果.aep"文件，如图8-46所示，单击"打开"按钮。

02 选择"雪景"图层，在"效果和预设"面板中展开"模拟"特效组，使用鼠标左键双击CC Snowfall（CC下雪）特效，如图8-47所示。

图8-46　选择项目文件　　　　　　图8-47　双击特效

03 在"效果控件"面板中，设置Size（大小）为14.00，Variation%（Size）（大小变异）为99.0，Variation%（Speed）（速度变异）为51.0，Opacity（不透明度）为100.0，如图8-48所示。

04 按小键盘上的【0】数字键预览最终效果，如图8-49所示。

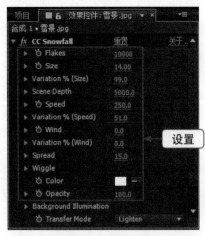

图8-48 设置参数

图8-49 视频效果

Example 实例 **059** 逼真水面

本实例主要学习使用"湍流杂色"特效和"焦散"特效模拟水面效果的制作方法。通过本实例的学习，读者可以了解逼真水面特效方面的制作技术。本实例最终效果如图8-50所示。

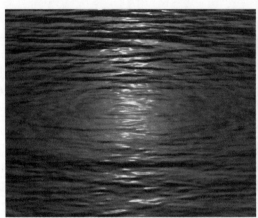
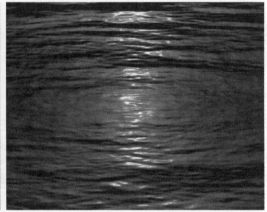

图8-50 视频效果

素材文件	光盘\素材\第8章\逼真水面.aep
效果文件	光盘\效果\第8章\逼真水面.aep
视频文件	光盘\视频\第8章\实例059 逼真水面.mp4

01 按【Ctrl+O】键打开项目"逼真水面.aep"文件，选择"噪波"图层，单击"效果"→"杂色和颗粒"→"湍流杂色"命令；在"效果控件"面板中展开"湍流杂色"选项区，设置"分形类型"为"湍流平滑"、"杂色类型"为"样条"、"对比度"为120.0、"亮度"为0.0、"溢出"为"剪切"，取消选中"统一缩放"复选框，设置"缩放宽度"为600.0、"缩放高度"为100.0、"复杂度"为7.0，效果如图8-51所示。

02 展开"湍流杂色"选项区，在第0帧处设置"偏移（湍流）"为（360.0,288.0）、"演化"为（0×+0.0°），在第2秒处设置"偏移（湍流）"为（361.0,347.0）、"演化"为（2×+0.0°），如图8-52所示。

图8-51 效果图

图8-52 设置参数

03 选择"噪波"图层，单击"效果"→"扭曲"→"边角定位"命令；在"效果控件"面板中展开"边角定位"选项区，设置"左下"为（-444.0,628.0）、"右下"为（1272.0,604.0），效果如图8-53所示。

04 按【Ctrl+N】键创建一个合成，设置"合成名称"为"水面"、"持续时间"为（0:00:05:00）秒、颜色为黑色；将"噪波"图层拖曳到该合成的时间线面板中，隐藏"噪波"图层；按【Ctrl+Y】键，创建一个固态层，设置"名称"为"水面"、"颜色"为白色，如图8-54所示。

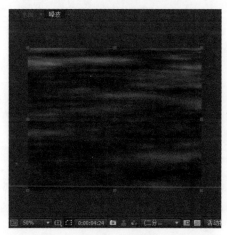
图8-53 效果图

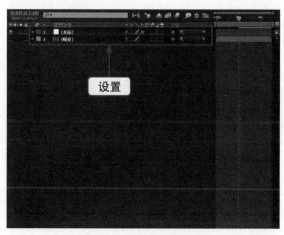
图8-54 新建"水面"图层

05 选择"水面"图层，单击"效果"→"模拟"→"焦散"命令；在"效果控件"面板中，展开"焦散"选项区，设置"水面"为"2.噪波"、"波形高度"为0.200、"平滑"为3.000、"水深度"为0.250、"表面颜色"为蓝色（7AAFFF）、"表面不透明度"为1.000、"灯光类型"为"点光源"、"灯光强度"为1.25、"灯光高度"为1.290、"环境光"为0.35、"漫反射"为0.40、"镜面反射"为0.300、"高光锐度"

为30.00，如图8-55所示。

06 按小键盘上的【0】数字键预览最终效果，如图8-56所示。

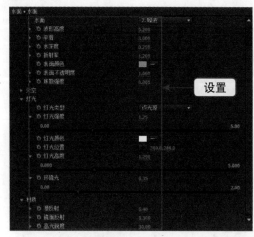

图8-55 设置参数   图8-56 视频效果

9 电子相册制作
——《快乐童年》

学习提示

　　童年的回忆对每个人来说都是非常有纪念价值的，是一生难忘的记忆。本章将运用After Effects CC软件制作儿童生活相册——《快乐童年》，帮助读者熟练掌握儿童生活相册的制作方法。

本章关键实例导航

- 实例060　导入素材文件
- 实例061　制作片头字幕
- 实例062　制作视频画面
- 实例063　制作转场效果
- 实例064　制作缩放效果
- 实例065　制作片尾字幕
- 实例066　制作片尾动画
- 实例067　制作相册音乐
- 实例068　导出电子相册

Example 实例 060 导入素材文件

在制作视频效果之前，首先需要导入相应的儿童生活视频素材，导入素材后才能对视频素材进行相应编辑。本实例最终效果如图9-1所示。

图9-1 视频效果

素材文件	光盘\素材\第9章\儿童相片1~5.jpg、相册片头.wmv、相册片尾.wmv等
效果文件	无
视频文件	光盘\视频\第9章\实例060 导入素材文件.mp4

01 按【Ctrl+N】键，在弹出的"合成设置"对话框中，设置"合成名称"为"快乐童年"、"宽度"为720px、"高度"为576px、"帧速率"为25、"持续时间"为（0:00:40:00），如图9-2所示。

02 按【Ctrl+I】键，在弹出的"导入文件"对话框中，选择所需的9个素材文件，图9-3所示。

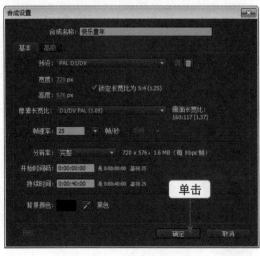

图9-2 新建合成

图9-3 选择素材文件

03 单击"导入"按钮，即可将素材文件导入到"项目"面板中，图9-4所示。

04 在"项目"面板中选择照片素材，在预览窗口中即可预览添加的素材图像，如图9-5所示。

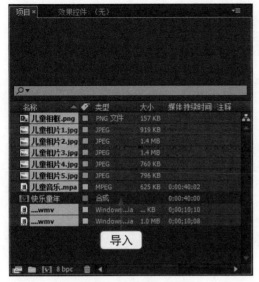
图9-4 导入素材文件

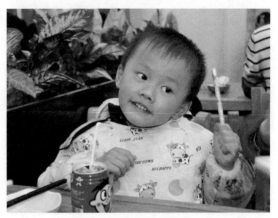
图9-5 预览素材图像

061 制作片头字幕

用户可以为片头添加字幕效果，以体现出片头的意义。下面将介绍制作片头字幕的方法。本实例最终效果如图9-6所示。

图9-6 视频效果

素材文件	光盘\素材\第9章\相册片头.wmv
效果文件	无
视频文件	光盘\视频\第9章\实例060 制作片头字幕.mp4

01 在"项目"面板中选择"相册片头.wmv"素材文件，将其添加到"快乐童年"合成的时间线面板中，图9-7所示。

02 选择"相册片头"图层，按【S】键，设置"缩放"为120.0，如图9-8所示。

03 单击工具栏中的"横排文字工具"按钮，选择文字工具，如图9-9所示。

04 在合成窗口中单击并输入文字"快乐"，调整文字位置，如图9-10所示。

图9-7 添加素材至时间线面板

图9-8 设置参数

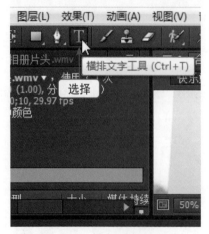

图9-9 选择文字工具

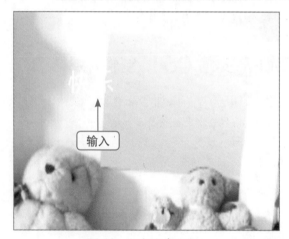

图9-10 调整文字位置

05 选择输入的文字，设置"字体系列"为"方正卡通简体"、"字体大小"为70.0，如图9-11所示。

06 选择"快乐"图层，按住【P】键，设置"位置"为（270.0,230.0），如图9-12所示。

图9-11 设置参数

图9-12 设置"位置"

07 选择文字"快",设置"颜色"为红色（FF0000），单击"描边颜色"按钮，在弹出的"文本颜色"对话框中设置"颜色"为深红色（54001B），添加"外描边"效果，如图9-13所示。

08 选择文字"乐",设置"颜色"为黄色（FFFF00），单击"描边颜色"按钮，在弹出的"文本颜色"对话框中设置"颜色"为深红色（54001B），添加"外描边"效果，如图9-14所示。

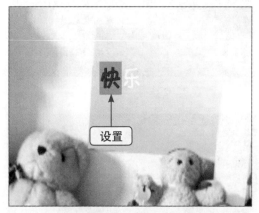

图9-13 设置参数

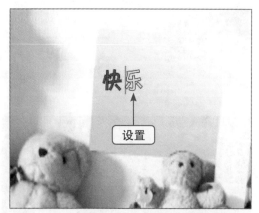

图9-14 设置参数

09 单击工具栏中的"横排文字工具"按钮，在合成窗口中单击并输入文字"童年",调整文字位置，如图9-15所示。

10 选择"童年"图层，按住【P】键，设置"位置"为（450.0,230.0），如图9-16所示。

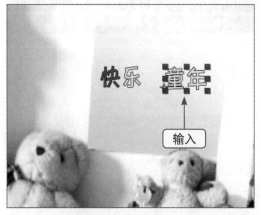

图9-15 输入文字

图9-16 设置参数

11 选择文字"童",设置"颜色"为紫色（FF00FF），选择文字"年",设置"颜色"为绿色（00FF00），在工作区中显示字幕效果，如图9-17所示。

12 设置时间线面板中的3个图层的持续时间均为6秒，如图9-18所示。

13 将时间线移至开始位置，选择"快乐"图层，按【P】键，设置"位置"为（0.0,288.0），添加第1个关键帧，如图9-19所示。

14 拖曳时间指示器至00:00:01:00的位置，设置"位置"为（160.0,288.0），添加第2个关键帧，如图9-20所示。

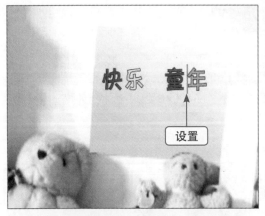

图9-17　设置参数

图9-18　设置持续时间

图9-19　添加关键帧

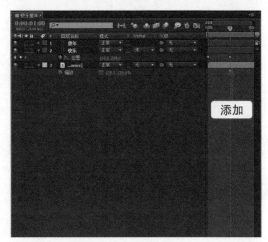

图9-20　添加关键帧

⑮ 拖曳时间指示器至00:00:02:00的位置，设置"位置"为（280.0,288.0），添加第3个关键帧，如图9-21所示。

⑯ 拖曳时间指示器至00:00:03:00的位置，设置"位置"为（360.0,288.0），添加第4个关键帧，如图9-22所示。

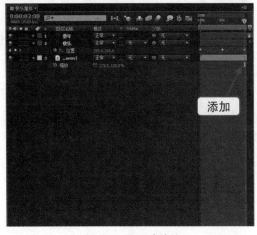

图9-21　添加关键帧

图9-22　添加关键帧

⑰ 选择"位置"选项，在合成窗口中显示素材的运动路径，如图9-23所示。

⑱ 按住【Ctrl】键的同时，拖曳路径上的锚点，调整路径形状，如图9-24所示。

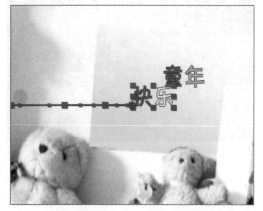

图9-23 显示素材的运动路径

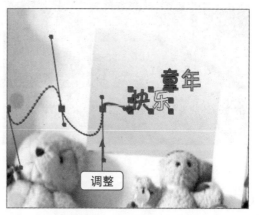

图9-24 调整路径形状

⑲ 选择"童年"图层，拖曳时间指示器至00:00:00:00的位置，按【P】键，展开"位置"选项，单击"位置"选项左侧的"时间变化秒表"按钮，设置"位置"为（750.0,288.0），添加第1个关键帧，如图9-25所示。

⑳ 拖曳时间指示器至00:00:01:00的位置，设置"位置"为（580.0,288.0），添加第2个关键帧，如图9-26所示。

图9-25 添加第1个关键帧

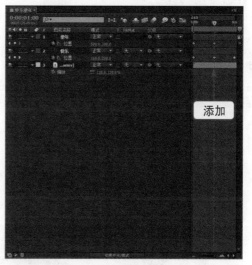

图9-26 添加第2个关键帧

㉑ 拖曳时间指示器至00:00:02:00的位置，设置"位置"为（500.0,288.0），添加第3个关键帧，如图9-27所示。

㉒ 拖曳时间指示器至00:00:03:00的位置，设置"位置"为（490.0,288.0），添加第4个关键帧，如图9-28所示。

㉓ 选择"位置"选项，在合成窗口中显示素材的运动路径，拖曳路径上的锚点，调整路径形状，如图9-29所示。

㉔ 按小键盘上的【0】数字键预览最终效果，如图9-30所示。

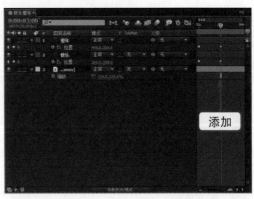

图9-27　添加第3个关键帧 图9-28　添加第4个关键帧

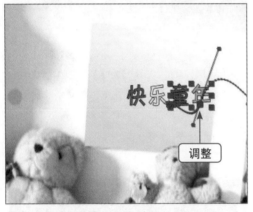

图9-29　调整路径形状 图9-30　视频效果

Example 实例 **062** 制作视频画面

在After Effects CC中，将素材文件导入至"项目"面板后，需要制作视频画面，使视频内容更具吸引力。本实例最终效果如图9-31所示。

图9-31　最终效果

素材文件	无
效果文件	无
视频文件	光盘\视频\第9章\实例062 制作视频画面.mp4

01 将时间指示器移至5秒的位置，在"项目"面板中选择5张儿童相片素材文件，将其添加到时间线面板中，如图9-32所示。

02 设置时间线面板中的5个相片图层的持续时间均为6秒，并设置各个图层的起始位置，如图9-33所示。

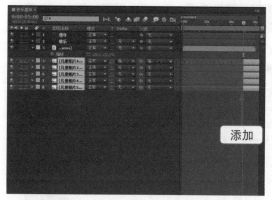

图9-32 添加素材至时间线面板

图9-33 设置图层起始位置

03 将时间指示器移至5秒的位置，将"儿童相框.png"素材文件添加到"相册片头"图层下面，调整素材文件的持续时间为26秒，如图9-34所示。

04 选择"儿童相框.png"图层，按【S】键，设置"缩放"为120.0，如图9-35所示。

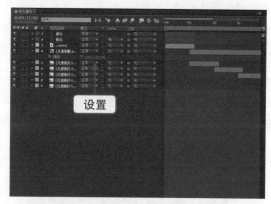

图9-34 调整素材持续时间

图9-35 设置"缩放"

05 按小键盘上的【0】数字键预览最终效果，如图9-36所示。

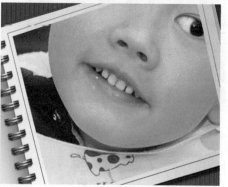

图9-36 视频效果

Example 实例 063 制作转场效果

为了使照片与照片之间的切换更加柔和，可以在两张照片之间添加不同效果的视频过渡特效。本实例最终效果如图9-37所示。

图9-37 视频效果

素材文件	无
效果文件	无
视频文件	光盘\视频\第9章\实例063 制作转场效果.mp4

01 在"效果和预设"面板中，展开"过渡"选项区，选择"块溶解"选项，如图9-38所示。

02 将"块溶解"视频过渡分别添加到"相册片头.wmv"、"快乐"、"童年"素材文件的结束位置，选择"童年"图层，展开"效果控件"面板，如图9-39所示。

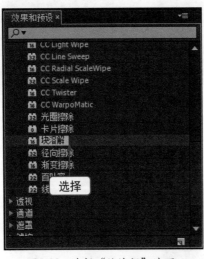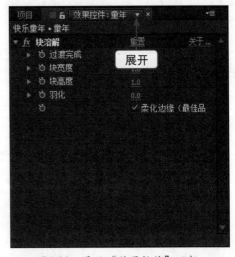

图9-38 选择"块溶解"选项　　　　图9-39 展开"效果控件"面板

03 拖曳时间指示器至00:00:05:00的位置，设置"过渡完成"为0%，拖曳时间指示器至00:00:06:00的位置，设置"过渡完成"为100%，设置"羽化"为50.0，如图9-40所示。

04 用以上同样的方法，设置"快乐"与"相册片头"的参数，效果如图9-41所示。

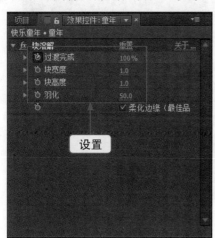

图9-40 设置参数

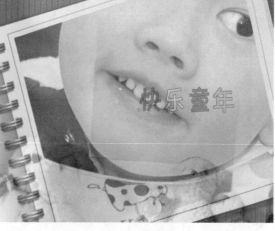

图9-41 效果图

05 选择"儿童相片1"图层，为其添加"径向擦除"视频过渡，拖曳时间指示器至00:00:10:00的位置，设置"过渡完成"为0%，拖曳时间指示器至00:00:11:00的位置，设置"过渡完成"为100%，如图9-42所示。

06 选择"儿童相片2"图层，为其添加"线性擦除"视频过渡，拖曳时间指示器至00:00:15:00的位置，设置"过渡完成"为0%，拖曳时间指示器至00:00:16:00的位置，设置"过渡完成"为100%，如图9-43所示。

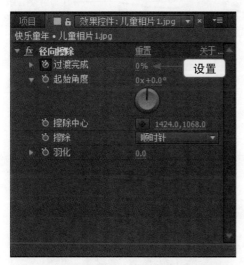

图9-42 设置参数

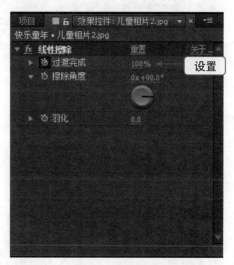

图9-43 设置参数

07 选择"儿童相片3"图层，为其添加"百叶窗"视频过渡，拖曳时间指示器至00:00:20:00的位置，设置"过渡完成"为0%，拖曳时间指示器至00:00:21:00的位置，设置"过渡完成"为100%，设置"宽度"为50，如图9-44所示。

08 选择"儿童相片4"图层，为其添加"渐变擦除"视频过渡，拖曳时间指示器至00:00:25:00的位置，设置"过渡完成"为0%，拖曳时间指示器至00:00:26:00的位置，设置"过渡完成"为100%，设置"过渡柔和度"为100%，如图9-45所示。

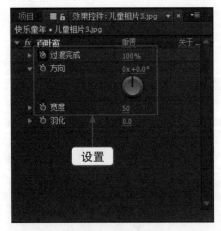
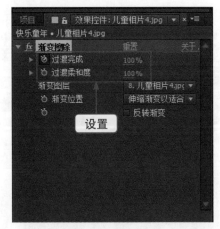

图9-44　设置参数　　　　　　　　　　图9-45　设置参数

09 按小键盘上【0】数字键预览最终效果，如图9-46所示。

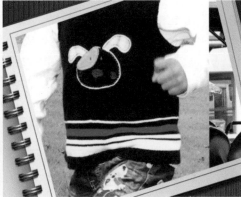

图9-46　视频效果

Example 实例 **064** **制作缩放效果**

调整图像素材的"缩放"等选项参数，可以制作出动感照片。下面将介绍制作动感照片的方法。本实例最终效果如图9-47所示。

图9-47　视频效果

素材文件	无
效果文件	无
视频文件	光盘\视频\第9章\实例064 制作缩放效果.mp4

01 选择"儿童相片1.jpg"图层，拖曳时间指示器至00:00:05:00的位置，展开"儿童相片1.jpg"图层，单击"缩放"与"旋转"选项左侧的"时间变化秒表"按钮，添加第1组关键帧，如图9-48所示。

02 拖曳时间指示器至00:00:09:00的位置，设置"缩放"为27.0、"旋转"为342.0°，添加第2组关键帧，如图9-49所示。

图9-48　添加关键帧

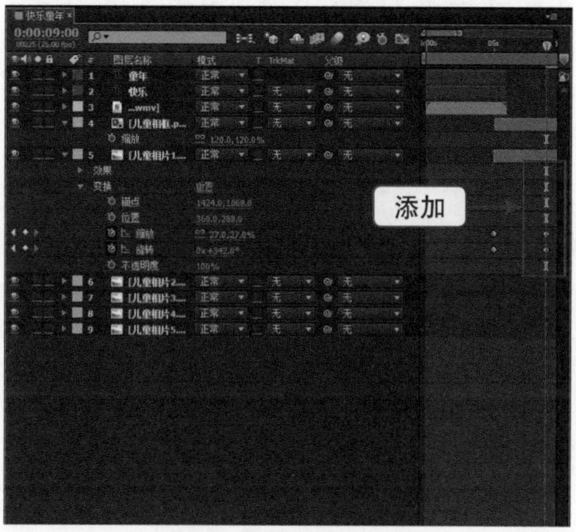

图9-49　添加关键帧

03 选择"儿童相片2.jpg"图层，拖曳时间指示器至00:00:10:14的位置，展开"儿童相片2.jpg"图层，单击"位置"与"缩放"选项左侧的"时间变化秒表"按钮，设置"位置"为（360.0,288.0）、"缩放"为33.0，添加第1组关键帧，如图9-50所示。

04 拖曳时间指示器至00:00:14:00的位置，设置"位置"为（396.0,146.0）、"缩放"为86.0，添加第2组关键帧，效果如图9-51所示。

图9-50　添加关键帧

图9-51　添加关键帧

05 选择"儿童相片3.jpg"图层，拖曳时间指示器至00:00:15:14的位置，展开"儿童相片3.jpg"图层，单击"位置"选项左侧的"时间变化秒表"按钮，设置"位置"为（328.0,454.0）、"缩放"为50.0，添加第1组关键帧，如图9-52所示。

06 拖曳时间指示器至00:00:19:00的位置，设置"位置"为（482.0,402.0），添加第2组关键帧，如图9-53所示。

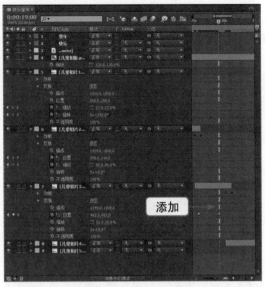

图9-52　添加关键帧　　　　　　　　　　图9-53　添加关键帧

07 选择"儿童相片4.jpg"图层，拖曳时间指示器至00:00:20:14的位置，单击"位置"、"缩放"与"旋转"选项左侧的"时间变化秒表"按钮，设置"位置"为（360.0,288.0）、"缩放"为35.0、"旋转"为-17.0°，添加第1组关键帧，如图9-54所示。

08 拖曳时间指示器至00:00:24:00的位置，设置"位置"为（504.0,416.0）、"缩放"为58.0、"旋转"为0.0°，添加第2组关键帧，如图9-55所示。

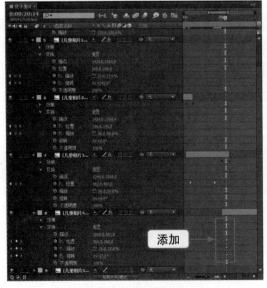
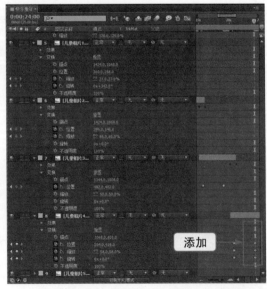

图9-54　添加关键帧　　　　　　　　　　图9-55　添加关键帧

⑨ 选择"儿童相片5.jpg"图层，拖曳时间指示器至00:00:25:14的位置，单击"位置"与
"缩放"选项左侧的"时间变化秒表"按钮，设置"位置"为（529.0,405.0）、"缩
放"为69.0，添加第1组关键帧，如图9-56所示。

⑩ 拖曳时间指示器至00:00:29:00的位置，设置"位置"为（379.0,290.0）、"缩放"为
36.0，添加第2组关键帧，如图9-57所示。

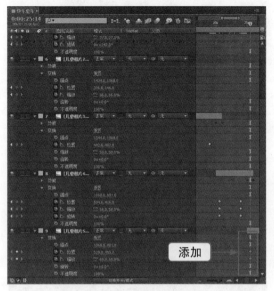

图9-56　添加关键帧

图9-57　添加关键帧

⑪ 按小键盘上的【0】数字键预览最终效果，如图9-58所示。

图9-58　视频效果

Example 实例 065 制作片尾字幕

为了表现整个相册的中心思想，可以根据整个相册的情节走向，添加合适的片尾字
幕。本实例最终效果如图9-59所示。

素材文件	无
效果文件	无
视频文件	光盘\视频\第9章\实例065 制作片尾字幕.mp4

图9-59 视频效果

01 将时间指示器移至00:00:30:00的位置处，将"相册片尾.wmv"素材文件添加到"儿童相片5.jpg"图层的下面，如图9-60所示。

02 选择添加的素材文件，按【S】键，设置"缩放"为120.0，如图9-61所示。

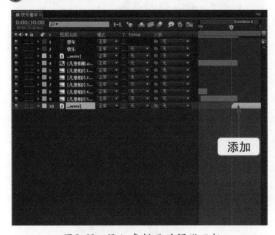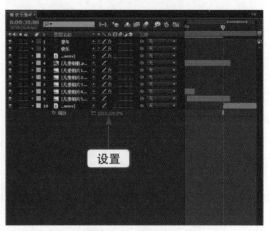

图9-60 添加素材至时间线面板 　　　　　　　　　　图9-61 设置参数

03 单击工具栏中的"横排文字工具"按钮，选择文字工具，在合成窗口中输入文字"健康成长"，如图9-62所示。

04 选择输入的文字，设置"字体系列"为"方正卡通简体"、"字体大小"为75，"颜色"为黄色（FFFF00），如图9-63所示。

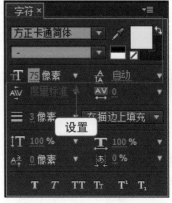

图9-62 输入文字 　　　　　　　　　　　　图9-63 设置参数

05 展开"健康成长"图层，设置"位置"为（290.0,200.0）、"旋转"为345.0°，如图9-64所示。

06 单击"描边颜色"按钮，在弹出的"文本颜色"对话框中设置"颜色"为红色（FF0000）添加"外描边"效果，效果如图9-65所示。

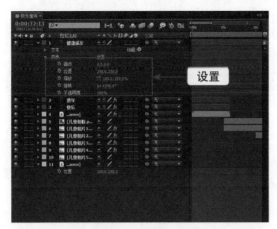

图9-64　设置参数

图9-65　"外描边"效果

07 单击"效果"→"透视"→"投影"命令，展开"效果控件"面板，设置"距离"为10.0，设置阴影样式，如图9-66所示。

08 执行上述操作后，在合成窗口中显示字幕效果，如图9-67所示。

图9-66　设置阴影样式

图9-67　字幕效果

Example 实例 066 制作片尾动画

在片尾素材上可以增添"块溶解"视频过渡，以增加片尾效果。本实例最终效果如图9-68所示。

素材文件	无
效果文件	无
视频文件	光盘\视频\第9章\实例066　制作片尾动画.mp4

图9-68 视频效果

01 拖曳时间指示器到00:00:34:10的位置，将"健康成长"字幕文件移动到时间指示器位置，调整素材文件的持续时间，如图9-69所示。

02 展开"健康成长"图层，单击"缩放"与"不透明度"选项左侧的"时间变化秒表"按钮，设置"缩放"为0.0、"不透明度"为0.0%，添加第1组关键帧，如图9-70所示。

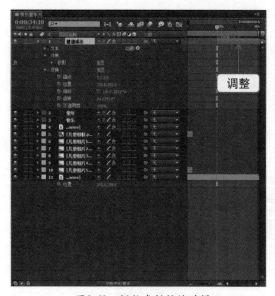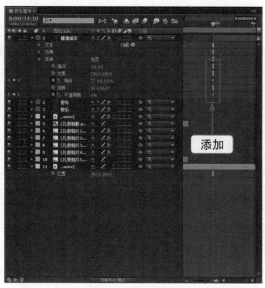

图9-69 调整素材持续时间 　　　　　　　　图9-70 添加关键帧

03 拖曳时间指示器到00:00:38:00的位置，设置"缩放"为100.0、"不透明度"为100.0%，添加第2组关键帧，如图9-71所示。

04 在"时间线"面板中拖曳时间指示器到00:00:32:00的位置，如图9-72所示。

05 在"时间线"面板中调整"儿童相框.png"素材文件的持续时间到时间指示器的位置结束，如图9-73所示。

06 在"效果和预设"面板中，展开"过渡"选项区，选择"块溶解"视频过渡，如图9-74所示。

图9-71　添加关键帧

图9-72　拖曳时间指示器

图9-73　调整素材持续时间

图9-74　选择视频过渡

07 将"块溶解"视频过渡添加到"儿童相框.png"图层，拖曳时间指示器到00:00:31:00的位置，设置"过渡完成"为0%，拖曳时间指示器到00:00:32:00的位置，设置"过渡完成"为100%，设置"羽化"为50.0，如图9-75所示。

08 将"块溶解"视频过渡添加到"健康成长"图层，拖曳时间指示器到00:00:39:00的位置，设置"过渡完成"为0%，拖曳时间指示器到最后一帧的位置，设置"过渡完成"为100%，设置"羽化"为50.0，如图9-76所示。

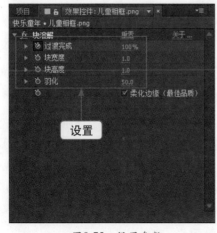

图9-75　设置参数

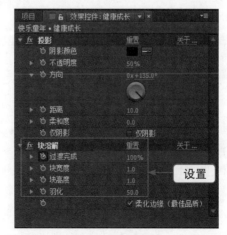

图9-76　设置参数

09 按小键盘上的【0】数字键预览最终效果，如图9-77所示。

图9-77　视频效果

Example 实例 **067** **制作相册音乐**

在制作相册片尾效果后，接下来可以添加适合儿童相册主题的音乐素材，并且在音乐素材的开始与结束位置制作音频过渡，创建出相册的音乐效果。本实例最终效果如图9-78所示。

图9-78　视频效果

素材文件	无
效果文件	无
视频文件	光盘\视频\第9章\实例067　制作相册音乐.mp4

01 将"儿童音乐.mpa"素材添加到"时间线"面板中，如图9-79所示。

02 展开"儿童音乐"图层，拖曳时间指示器至开始位置，单击"音频电平"选项左侧的"时间变化秒表"按钮，设置"音频电平"为−20.00dB，拖曳时间指示器至00:00:03:00的位置，设置"音频电平"为＋0.00dB，添加淡入音效，如图9-80所示。

03 拖曳时间指示器到结束位置，设置"音频电平"为−20.00dB，拖曳时间指示器到00:00:37:00的位置，设置"音频电平"为＋0.00dB，添加淡出音效，如图9-81所示。

04 按小键盘上的【0】数字键试听音乐并预览最终效果，如图9-82所示。

图9-79　添加素材至时间线面板

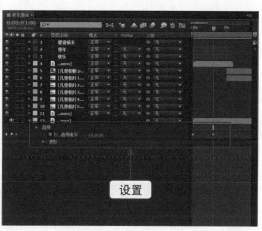

图9-80　设置参数

图9-81　设置参数

图9-82　视频效果

Example 实例 068 导出电子相册

　　完成相册片头、主体、片尾效果的制作后，可以将编辑完成的影片导出为视频文件了。下面介绍导出电子相册——《快乐童年》视频文件的方法。本实例最终效果如图9-83所示。

图9-83　视频效果

素材文件	无
效果文件	光盘\效果\第9章\实例068 快乐童年.aep
视频文件	光盘\视频\第9章\实例068 导出电子相册.mp4

01 按【Ctrl＋M】键，切换至"渲染队列"面板，单击"输出模板"选项右侧的"无损"超链接，如图9-84所示。

02 弹出"输出模板设置"对话框，单击"格式"选项右侧的下拉按钮，在弹出的列表框中选择QuickTime选项，如图9-85所示，单击"确定"按钮。

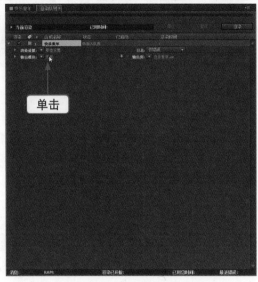

图9-84 单击超链接

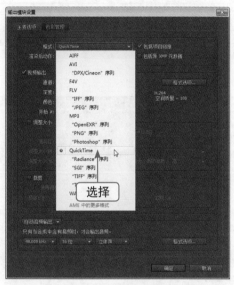

图9-85 选择相应选项

03 单击"输出到"右侧的"快乐童年.mov"超链接，弹出"将影片输出到"对话框，在其中设置视频文件的保存位置和文件名，如图9-86所示，单击"保存"按钮。

04 返回"渲染队列"界面，单击面板右上角的"渲染"按钮，开始导出视频文件，并显示导出进度，稍后即可导出电子相册，如图9-87所示。

图9-86 设置位置和文件名

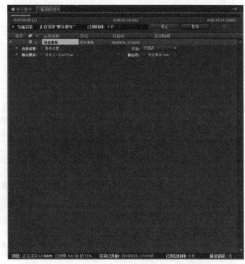

图9-87 导出视频

05 按小键盘上的【0】数字键预览最终效果，如图9-88所示。

图9-88 视频效果

10 影视栏目包装
——《魅力科技》

学习提示

本章主要讲解影视栏目包装——《魅力科技》视频的制作方法，带领读者关注每一个视频细节和画面，详细地分析其制作手法和步骤。通过本章的学习，读者可以掌握影视栏目包装视频的制作技巧。

本章关键实例导航

- 实例069 制作镜头1
- 实例070 制作镜头2
- 实例071 制作镜头3
- 实例072 制作镜头4
- 实例073 制作定版
- 实例074 制作蒙版动画
- 实例075 制作图层位置
- 实例076 制作华丽外观文字
- 实例077 制作精工品质文字
- 实例078 制作魅力科技文字
- 实例079 制作英文文字

华丽外观

Example 实例 069 制作镜头1

本实例主要学习利用Mojo插件和Clash光效使画面具有科技感的方法。本实例最终效果如图10-1所示。

图10-1 视频效果

素材文件	光盘\素材\第10章\车身1.jpg
效果文件	无
视频文件	光盘\视频\第10章\实例069 制作镜头1.mp4

01 按【Ctrl+N】键，在弹出的"合成设置"对话框中，设置"合成名称"为"制作镜头1"、"宽度"为1280px、"高度"为720px、"帧速率"为25、"持续时间"为（0:00:05:00），如图10-2所示。

02 按【Ctrl+I】键，在弹出的"导入文件"对话框中，导入相应的"车身1.jpg"素材，单击"导入"按钮，如图10-3所示。

图10-2 新建合成　　　　　　图10-3 单击"导入"按钮

03 在"项目"面板中，选择"车身1.jpg"素材拖曳到"制作镜头1"合成的时间线面板中，如图10-4所示。

04 选择"车身1.jpg"图层，按【P】键，设置"位置"为（680.0,360.0），如图10-05所示。

图10-04　拖曳图层　　　　　　　　　　图10-05　设置参数

05　选择"车身1.jpg"图层，按【S】键，在第0帧处设置"缩放"为（145.0,145.0%），在第1秒16帧处设置"缩放"为（135.0,135.0%），如图10-6所示。

06　选择"车身1.jpg"图层，单击"效果"→"颜色校正"→"亮度对比度"命令，添加"亮度对比度"效果，如图10-7所示。

图10-6　设置参数　　　　　　　　　　图10-7　添加"亮度对比度"效果

07　选择"车身1.jpg"图层，在"效果控件"面板中，展开"亮度对比度"选项区，设置"亮度"为10.0、"对比度"为15.0，如图10-8所示。

08　选择"车身1.jpg"图层，单击"效果"→"Magic Bullet Quick Looks（魔力）"→Mojo命令，添加Mojo效果，如图10-9所示。

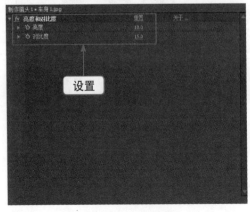

图10-8　设置参数　　　　　　　　　　图10-9　添加Mojo效果

专家课堂 ▏▏▏▏▏▏▏▏▏▏▏▏▏▏▏▏▏▏▏▏▏▏▏▏▏▏▏▏▏▏▏▏▏▏▏▏

> Mojo特效可以完成画面校色的工作（尤其是单色处理）。

09 选择 "车身1.jpg" 图层，在 "效果控件" 面板中，展开Mojo选项区，设置Mojo为
0.00、 "Warm It（暖色）" 为－40.00，效果如图10-10所示。

10 选择 "车身1.jpg" 图层，单击 "效果" → "模糊和锐化" → "快速模糊" 命令，添加
"快速模糊" 效果，如图10-11所示。

图10-10　效果图

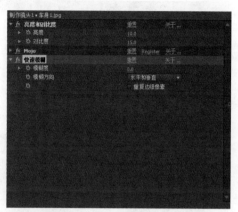

图10-11　添加 "快速模糊" 效果

11 选择 "车身1.jpg" 图层，依次展开 "车身1.jpg" 图层 → "效果" → "快速模糊" 选
项，在第0帧处设置 "模糊度" 为25.0，在第20帧处设置 "模糊度" 为0.0，如图10-12
所示。

12 按【Ctrl＋Y】键新建一个固态层，设置 "名称" 为 "转场"、"颜色" 为黑色，设置
该图层的 "叠加模式" 为 "屏幕"，如图10-13所示。

图10-12　设置参数

图10-13　设置 "屏幕" 模式

13 选择 "转场" 图层，单击 "效果" → "生成" → "镜头光晕" 命令，添加 "镜头光
晕" 效果，如图10-14所示。

14 选择 "转场" 图层，在 "效果控件" 面板中展开 "镜头光晕" 选项区，设置 "光晕中
心" 为（642.0,364.0）、在第0帧处设置 "光晕亮度" 为200%，在第10帧处设置 "光晕
亮度" 为0%、"镜头类型" 为 "105毫米定焦"，如图10-15所示。

图10-14 添加"镜头光晕效果"　　　　　　图10-15 设置参数

⑮ 按【Ctrl＋Y】键新建一个固态层，设置"名称"为"光"、"颜色"为黑色，设置该
　图层的"叠加模式"为"屏幕"，如图10-16所示。

⑯ 选择"光"图层，单击"效果"→"Light Factory（灯光工厂）"→"Light Factory
　（灯光工厂）"命令，添加"Light Factory（灯光工厂）"效果，如图10-17所示。

图10-16 设置"屏幕"模式　　　　　　图10-17 添加效果

⑰ 选择"光"图层，在"效果控件"面板中展开"Light Factory（灯光工厂）"选项
　区，单击"选项"超链接，在弹出的窗口左侧选择Clash光效，在第0帧处设置"光源
　位置"为（2.0,356.0），在第1秒16帧处设置"光源位置"为（1036.0,362.0），效果
　如图10-18所示。

⑱ 按小键盘上的【0】数字键预览最终效果，如图10-19所示。

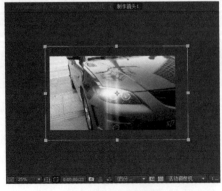

图10-18 效果图　　　　　　图10-19 视频效果

Example 实例 **070** **制作镜头2**

本实例主要学习利用Mojo插件和New blue lens光效使画面具有科技感的方法，通过本实例的学习，读者可以深入了解Mojo特效和New blue lens光效的综合应用。本实例最终效果如图10-20所示。

图10-20　视频效果

素材文件	光盘\素材\第10章\车身2.jpg
效果文件	无
视频文件	光盘\视频\第10章\实例070　制作镜头2.mp4

01 按【Ctrl＋N】键，在弹出的"合成设置"对话框中，设置"合成名称"为"制作镜头2"、"宽度"为1280px、"高度"为720px、"帧速率"为25、"持续时间"为（0:00:05:00），如图10-21所示。

02 按【Ctrl＋I】键，在弹出的"导入文件"对话框中，导入相应的"车身2.jpg"素材，单击"导入"按钮，如图10-22所示。

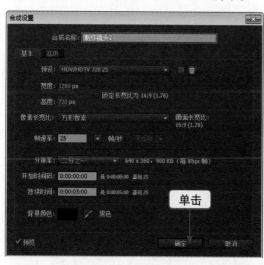

图10-21　新建合成

图10-22　单击"导入"按钮

03 在"项目"面板中，选择"车身2.jpg"素材拖曳到"制作镜头2"合成的时间线面板中，如图10-23所示。

04 选择"车身2.jpg"图层,按【P】键,在第0帧处设置"位置"为(224.0,392.0),在第1秒14帧处设置"位置"为(680.0,440.0),如图10-24所示。

图10-23 拖曳图层

图10-24 设置参数

05 选择"车身2.jpg"图层,按【S】键,在第0帧处设置"缩放"为(208.0,208.0%),在第1秒13帧处设置"缩放"为(135.0,135.0%),如图10-25所示。

06 选择"车身2.jpg"图层,单击"效果"→"颜色校正"→"亮度对比度"命令,添加"亮度对比度"效果,如图10-26所示。

图10-25 设置参数

图10-26 添加"亮度对比度"效果

07 选择"车身2.jpg"图层,在"效果控件"面板中,展开"亮度对比度"选项区,设置"亮度"为10.0、"对比度"为15.0,如图10-27所示。

08 选择"车身2.jpg"图层,单击"效果"→"Magic Bullet Quick Looks(魔力)"→Mojo命令,添加Mojo效果,如图10-28所示。

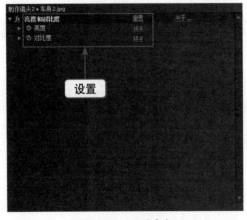

图10-27 设置参数

图10-28 添加Mojo效果

⑨ 选择"车身2.jpg"图层，在"效果控件"面板中，展开Mojo选项区，设置Mojo为0.00、"Warm It（暖色）"为－40.00，效果如图10-29所示。

⑩ 选择"车身2.jpg"图层，单击"效果"→"模糊和锐化"→"快速模糊"命令，添加"快速模糊"效果，如图10-30所示。

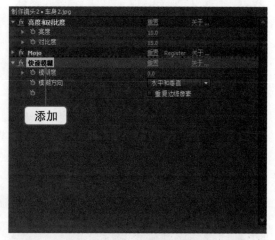

图10-29　效果图　　　　　　　　　　　图10-30　添加"快速模糊"效果

⑪ 选择"车身2.jpg"图层，在"效果控件"面板中，展开"快速模糊"选项区，在第0帧处设置"模糊度"为25.0，在第23帧处设置"模糊度"为0.0，如图10-31所示。

⑫ 按【Ctrl＋Y】键新建一个固态层，设置"名称"为"转场"、"颜色"为黑色，设置该图层的"叠加模式"为"屏幕"，如图10-32所示。

图10-31　设置参数　　　　　　　　　　图10-32　设置"屏幕"模式

⑬ 选择"转场"图层，单击"效果"→"生成"→"镜头光晕"命令，添加"镜头光晕"效果，如图10-33所示。

⑭ 选择"转场"图层，依次展开"转场"→"效果"→"镜头光晕"选项区，设置"光晕中心"为（642.0,364.0）、在第0帧处设置"光晕亮度"为200%，在第10帧处设置"光晕亮度"为0%、"镜头类型"为"105毫米定焦"，如图10-34所示。

⑮ 按【Ctrl＋Y】键新建一个固态层，设置"名称"为"光"、"颜色"为黑色，设置该图层的"叠加模式"为"屏幕"，如图10-35所示。

⑯ 选择"光"图层，单击"效果"→"Knoll Light Factory（灯光工厂）"→"Light Factory（灯光工厂）"命令，添加"Light Factory（灯光工厂）"效果，如图10-36所示。

图10-33 添加"镜头光晕"效果

图10-34 设置参数

图10-35 设置"屏幕"模式

图10-36 添加效果

⑰ 选择"光"图层，在"效果控件"面板中展开"Light Factory（灯光工厂）"选项区，单击"选项"超链接，在弹出的窗口左侧选择New blue lens光效，在第0帧处设置"光源位置"为（2.0，－2.0），在第1秒13帧处设置"光源位置"为（1280.0,716.0），效果如图10-37所示。

⑱ 按小键盘上的【0】数字键预览最终效果，如图10-38所示。

图10-37 效果图

图10-38 视频效果

Example 实例 071 制作镜头3

本实例主要学习利用Mojo插件和35mm光效使画面具有科技感的方法。本实例最终效果如图10-39所示。

图10-39　视频效果

素材文件	光盘\素材\第10章\车内环境1.jpg
效果文件	无
视频文件	光盘\视频\第10章\实例072　制作镜头3.mp4

01 按【Ctrl+N】键，在弹出的"合成设置"对话框中，设置"合成名称"为"制作镜头3"、"宽度"为1280px、"高度"为720px、"帧速率"为25、"持续时间"为（0:00:05:00），如图10-40所示。

02 按【Ctrl+I】键，在弹出的"导入文件"对话框中，选择"车内环境1.jpg"素材，单击"导入"按钮，如图10-41所示。

图10-40　新建合成　　　　　　　　　　图10-41　单击"导入"按钮

03 在"项目"面板中，将"车内环境1.jpg"素材拖曳到"制作镜头3"合成的时间线面板中，如图10-42所示。

04 选择"车内环境1.jpg"图层，按【P】键，设置"位置"为（640.0,360.0），如图10-43所示。

05 选择"车内环境1.jpg"图层，按【S】键，在第0帧处设置"缩放"为（145.0,145.0%），在第2秒06帧处设置"缩放"为（125.0,125.0%），如图10-44所示。

06 选择"车内环境1.jpg"图层，单击"效果"→"颜色校正"→"亮度对比度"命令，添加"亮度对比度"效果，如图10-45所示。

图10-42 拖曳图层

图10-43 设置参数

图10-44 设置参数

图10-45 添加"亮度对比度"效果

07 选择"车内环境1.jpg"图层，在"效果控件"面板中，展开"亮度对比度"选项区，设置"亮度"为10.0、"对比度"为15.0，如图10-46所示。

08 选择"车内环境1.jpg"图层，单击"效果"→"Magic Bullet Quick Looks（魔力）"→Mojo命令，添加Mojo效果，如图10-47所示。

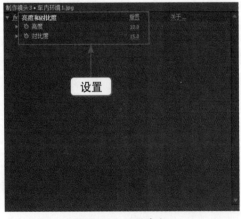

图10-46 设置参数

图10-47 添加Mojo效果

09 选择"车内环境1.jpg"图层，在"效果控件"面板中，展开Mojo选项区，设置Mojo为0.00、"Warm It（暖色）"为－40.00，效果如图10-48所示。

10 选择"车内环境1.jpg"图层，单击"效果"→"模糊和锐化"→"快速模糊"命令，添加"快速模糊"效果，如图10-49所示。

图10-48　效果图

图10-49　添加"快速模糊"效果

⑪　选择"车内环境1.jpg"图层，在"效果控件"面板中展开"快速模糊"选项区，在第0帧处设置"模糊度"为25.0，在第20帧处设置"模糊度"为0.0，如图10-50所示。

⑫　按【Ctrl＋Y】键新建一个固态层，设置"名称"为"转场"、"颜色"为黑色，设置该图层的"叠加模式"为"屏幕"，如图10-51所示。

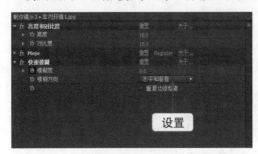

图10-50　设置参数

图10-51　设置"屏幕"模式

⑬　选择"转场"图层，单击"效果"→"生成"→"镜头光晕"命令，添加"镜头光晕"效果，如图10-52所示。

⑭　选择"转场"图层，在"效果控件"面板中展开"镜头光晕"选项区，设置"光晕中心"为（642.0,364.0）、在第0帧处设置"光晕亮度"为200%，在第10帧处设置"光晕亮度"为0%、"镜头类型"为"105毫米定焦"，如图10-53所示。

图10-52　添加"镜头光晕"效果

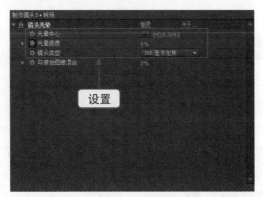

图10-53　设置参数

⑮ 按【Ctrl＋Y】键新建一个固态层，设置"名称"为"光"、"颜色"为黑色，设置该图层的"叠加模式"为"屏幕"，如图10-54所示。

⑯ 选择"光"图层，单击"效果"→"Knoll Light Factory（灯光工厂）"→"Light Factory（灯光工厂）"命令，添加"Light Factory（灯光工厂）"效果，如图10-55所示。

图10-54　设置"屏幕"模式

图10-55　添加效果

⑰ 选择"光"图层，在"效果控件"面板中展开"Light Factory（灯光工厂）"选项区，单击"选项"超链接，在弹出的窗口左侧选择35mm光效，在第0帧处设置"光源位置"为（2.0,356.0），在第2秒06帧处设置"光源位置"为（1280.0,0.0），效果如图10-56所示。

⑱ 按小键盘上的【0】数字键预览最终效果，如图10-57所示。

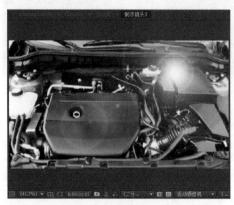

图10-56　效果图（2）

图10-57　视频效果

Example 实例 072　制作镜头4

　　本实例主要学习利用Mojo插件和Vortex bright光效使画面具有科技感的方法。通过本实例的学习，读者可以深入了解Mojo特效和Vortex bright光效的综合应用。本实例最终效果如图10-58所示。

素材文件	光盘\素材\第10章\车内环境.jpg
效果文件	无
视频文件	光盘\视频\第10章\实例072　制作镜头4.mp4

图10-58　视频效果

01　按【Ctrl+N】键，在弹出的"合成设置"对话框中，设置"合成名称"为"制作镜
　　　头4"、"宽度"为1280px、"高度"为720px、"帧速率"为25、"持续时间"为
　　　（0:00:05:00），如图10-59所示。

02　按【Ctrl+I】键，在弹出的"导入文件"对话框中选择"车内环境.jpg"素材，单击
　　　"导入"按钮，如图10-60所示。

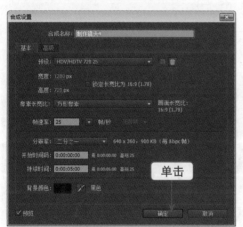

图10-59　新建合成　　　　　　　　　　　　　　　图10-60　单击"导入"按钮

03　在"项目"面板中，将"车内环境.jpg"素材拖曳到"制作镜头4"合成的时间线面板
　　　中，如图10-61所示。

04　选择"车内环境.jpg"图层，按【P】键，在第0帧处设置"位置"为（748.0,300.0），
　　　在第2秒18帧处设置"位置"为（628.0,300.0），如图10-62所示。

图10-61　拖曳图层　　　　　　　　　　　　　　　图10-62　设置参数

05 选择"车内环境.jpg"图层,按【S】键,设置"缩放"为(145.0,145.0%), 如图10-63所示。

06 选择"车内环境.jpg"图层,单击"效果"→"颜色校正"→"亮度对比度"命令,添加"亮度对比度"效果,如图10-64所示。

图10-63 设置参数

图10-64 添加"亮度对比度"效果

07 选择"车内环境.jpg"图层,在"效果控件"面板中展开"亮度对比度"选项区,设置"亮度"为10.0、"对比度"为15.0,如图10-65所示。

08 选择"车内环境.jpg"图层,单击"效果"→"Magic Bullet Quick Looks(魔力)"→Mojo命令,添加Mojo效果,如图10-66所示。

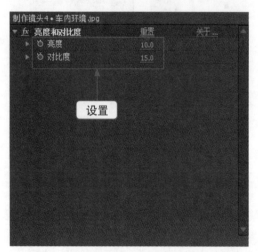

图10-65 设置参数

图10-66 添加Mojo效果

09 选择"车内环境.jpg"图层,在"效果控件"面板中展开Mojo选项区,设置Mojo为0.00、"Warm It(暖色)"为-40.00,效果如图10-67所示。

10 选择"车内环境.jpg"图层,单击"效果"→"模糊和锐化"→"快速模糊"命令,添加"快速模糊"效果,如图10-68所示。

11 选择"车内环境.jpg"图层,在"效果控件"面板中展开"快速模糊"选项区,在第0帧处设置"模糊度"为25.0,在第20帧处设置"模糊度"为0.0,如图10-69所示。

12 按【Ctrl+Y】键新建一个固态层,设置"名称"为"转场"、"颜色"为黑色,设置该图层的"叠加模式"为"屏幕",如图10-70所示。

图10-67　效果图

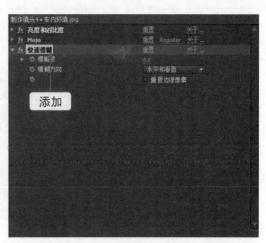

图10-68　添加"快速模糊"效果

图10-69　设置参数

图10-70　设置"屏幕"模式

⑬　选择"转场"图层，单击"效果"→"生成"→"镜头光晕"命令，添加"镜头光晕"效果，如图10-71所示。

⑭　选择"转场"图层，在"效果控件"面板中展开"镜头光晕"选项区，设置"光晕中心"为（642.0,364.0）、在第0帧处设置"光晕亮度"为200%，在第10帧处设置"光晕亮度"为86%、"镜头类型"为"105毫米定焦"，如图10-72所示。

图10-71　添加"镜头光晕"效果

图10-72　设置参数

⑮　按【Ctrl＋Y】键新建一个固态层，设置"名称"为"光"、"颜色"为黑色，设置该图层的"叠加模式"为"屏幕"，如图10-73所示。

⑯ 选择"光"图层，单击"效果"→"Knoll Light Factory（灯光工厂）"→"Light Factory（灯光工厂）"命令，添加"Light Factory（灯光工厂）"效果，如图10-74所示。

图10-73 设置"屏幕"模式

图10-74 添加效果

⑰ 选择"光"图层，在"效果控件"面板中，展开"Light Factory（灯光工厂）"选项区，单击"选项"超链接，在弹出的窗口左侧选择Vortex bright光效，在第0帧处设置"光源位置"为（2.0,356.0），在第2秒18帧处设置"光源位置"为（1280.0,712.0），效果如图10-75所示。

⑱ 按小键盘上的【0】数字键预览最终效果，如图10-76所示。

图10-75 效果图

图10-76 视频效果

Example 实例 073 制作定版

本实例主要使用"旋转"特效，使画面具有空间感。本实例最终效果如图10-77所示。

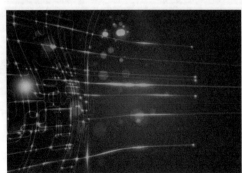

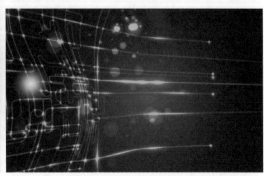

图10-77 视频效果

素材文件	光盘\素材\第10章\02.jpg
效果文件	无
视频文件	光盘\视频\第10章\实例073 制作定版.mp4

01 按【Ctrl＋N】键，在弹出的"合成设置"对话框中，设置"合成名称"为"制作定版"、"宽度"为1280px、"高度"为720px、"帧速率"为25、"持续时间"为（0:00:05:00），如图10-78所示。

02 按【Ctrl＋I】键，在弹出的"导入文件"对话框中选择02.jpg素材，单击"导入"按钮，如图10-79所示。

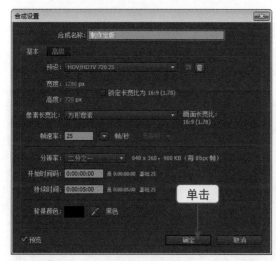

图10-78 新建合成

图10-79 单击"导入"按钮

03 在"项目"面板中，选择02.jpg素材，并将其拖曳到"制作定版"合成的时间线面板中，如图10-80所示。

04 选择02.jpg图层，按【R】键，设置"旋转"为（0×＋46.0°），如图10-81所示。

图10-80 拖曳图层

图10-81 设置参数

05 选择02.jpg图层，按【S】键，在第0帧处设置"缩放"为（192.0,192.0%），在第3秒02帧处设置"缩放"为（210.0,210.0%），如图10-82所示

06 选择02.jpg图层，单击"效果"→"颜色校正"→"色相/饱和度"命令，添加"色相/饱和度"效果，如图10-83所示。

图10-82　设置参数　　　　　　　　图10-83　添加"色相/饱和度"效果

07 选择02.jpg图层，在"效果控件"面板中，展开"色相/饱和度"选项区，设置"主饱和度"为－12、"主亮度"为－10，如图10-84所示。

08 按小键盘上的【0】数字键预览最终效果，如图10-85所示。

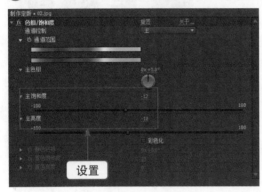

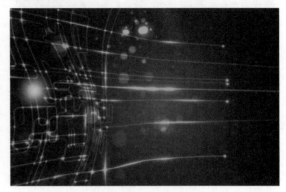

图10-84　设置参数　　　　　　　　图10-85　视频效果

Example 实例 074 制作蒙版动画

本实例主要学习使用"位置"运动带动画面运动的高级应用技巧，通过本实例的学习，读者可以深入了解"位置"运动引起的画面运动的相关技术。本实例最终效果如图10-86所示。

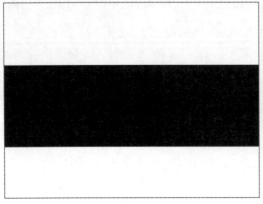

图10-86　视频效果

素材文件	无
效果文件	无
视频文件	光盘\视频\第10章\实例074 制作蒙版动画.mp4

01 单击"合成"→"新建合成"命令，在弹出的"合成设置"对话框中，设置"合成名称"为"总合成"、"宽度"为1280、"高度"为720、"帧速率"为25、"持续时间"为（0:00:11:12），如图10-87所示。

02 按【Ctrl＋Y】键新建一个固态层，设置"名称"为"蒙版1"、"宽度"为1920像素、"高度"为1080像素、"颜色"为白色，如图10-88所示。

图10-87 新建合成

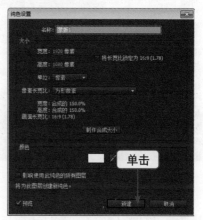

图10-88 新建固态层

03 选择"蒙版1"图层，按【P】键，在第0帧处设置"位置"为（640.0,1264.0），在第10帧处设置"位置"为（640.0,900.0），在第20帧处设置"位置"为（640.0,1070.0），在第3秒05帧处设置"位置"为（640.0,1070.0），在第3秒15帧处设置"位置"为（640.0,900.0），在第4秒处设置"位置"为（640.0,1070.0），在第8秒处设置"位置"为（640.0,1070.0），在第8秒10帧处设置"位置"为（640.0,900.0），在第8秒20帧处设置"位置"为（640.0,1070.0），如图10-89所示。

04 按【Ctrl＋Y】键新建一个固态层，设置"名称"为"蒙版2"、"宽度"为1920像素、"高度"为1080像素、"颜色"为白色，如图10-90所示。

图10-89 设置参数

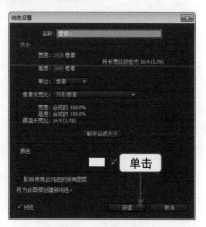

图10-90 新建固态层

05 选择"蒙版2"图层，按【P】键，在第0帧处设置"位置"为（640.0，－542.0），在第10帧处设置"位置"为（640.0，－180.0），在第20帧处设置"位置"为（640.0，－324.0），在第3秒05帧处设置"位置"为（640.0，－324.0），在第3秒15帧处设置"位置"为（640.0，－180.0），在第4秒处设置"位置"为（640.0，－542.0），在第8秒处设置"位置"为（640.0，－722.0），在第8秒10帧处设置"位置"为（640.0，－180.0），在第8秒20帧处设置"位置"为（640.0，－324.0），如图10-91所示。

06 按小键盘上的【0】数字键预览效果，如图10-92所示。

图10-91　设置参数　　　　　　　　　　　　　　　　图10-92　视频效果

Example 实例 075 制作图层位置

　　本实例主要学习切断素材的高级应用，通过本实例的学习，读者可以深入了解切断素材的相关技术。本实例最终效果如图10-93所示。

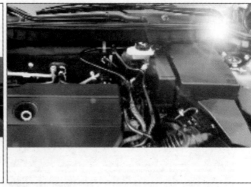

图10-93　视频效果

素材文件	无
效果文件	无
视频文件	光盘\视频\第10章\实例075　制作图层位置.mp4

01 在"项目"面板中选择"制作镜头1、制作镜头2、制作镜头3、制作镜头4、制作定版"图层，并将其拖曳到"总合成"的时间线面板中，如图10-94所示。

02 选择"制作镜头1"图层，将其入点放在第10帧的位置，在第2秒的位置按【Alt＋】

键，切断后面的素材，如图10-95所示。

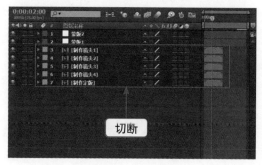

图10-94　拖曳图层

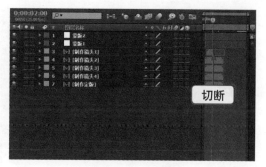

图10-95　切断素材

专家课堂

　　选择图层，按【Alt＋[】键可以切断该图层前面的素材；选择图层，按【Alt＋]】键可以切断该图层后面的素材。

03 选择"制作镜头2"图层，将其入点放在第2秒的位置，在第3秒13帧的位置，按【Alt＋]】键切断后面的素材，如图10-96所示。

04 选择"制作镜头3"图层，将其入点放在第3秒13帧的位置，在第5秒17帧的位置，按【Alt＋]】键切断后面的素材，如图10-97所示。

图10-96　切断素材

图10-97　切断素材

05 选择"制作镜头4"图层，将其入点放在第5秒17帧的位置，在第8秒09帧的位置，按【Alt＋]】键切断后面的素材，如图10-98所示。

06 选择"制作定版"图层，将其入点放在第8秒09帧的位置，在第11秒11帧的位置，按【Alt＋]】键切断后面的素材，如图10-99所示。

图10-98　切断素材

图10-99　切断素材

07 按小键盘上【0】数字键预览最终效果，如图10-100所示。

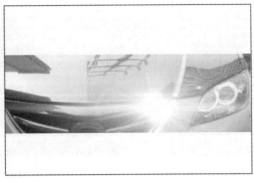

图10-100 视频效果

Example 实例 076 制作华丽外观文字

在制作"华丽外观"文字的过程中，主要运用了"启用逐字3D化"和"瞄点"等文本属性的设置方法。本实例最终效果如图10-101所示。

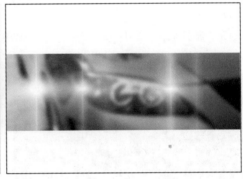

图10-101 视频效果

素材文件	无
效果文件	无
视频文件	光盘\视频\第10章\实例076 制作华丽外观文字.mp4

01 在"总合成"时间线面板中，使用横排文字工具，创建一个"华丽外观"文字图层，设置"字体体系"为"创艺简黑体"、"字体大小"为60像素、"字体颜色"为黑色，如图10-102所示。

02 选中"华丽外观"图层，将其图层入点放在第20帧的位置，在第3秒07帧处按【Alt＋】键，切断图层后面的素材，按【P】键，设置"位置"为（847.0,604.0），如图10-103所示。

03 选中"华丽外观"图层，依次展开"华丽外观"→"文本"选项区，单击"动画"选项，依次添加"启用逐字3D化"和"瞄点"选项，设置"瞄点"为（0.0，−24.0,0.0），效果如图10-104所示。

04 选择"华丽外观"图层，依次展开"华丽外观"→"文本"→"动画制作工具1"选项区，单击"添加"选项，依次添加"位置"、"缩放"、"不透明度"和"模糊"选项，设置"位置"为（0.0,0.0,−1000.0）、"缩放"为（500.0,500.0,500.0%）、"不透明度"为0%、"模糊"为（5.0,5.0），如图10-105所示。

图10-102　创建文字

图10-103　设置参数

图10-104　添加"启用逐字3D化"效果

图10-105　设置参数

05 选择"华丽外观"图层，依次展开"华丽外观"→"文本"→"制作动画工具1"→"范围选择器1"选项区，在第20帧处设置"偏移"为0%，在第1秒11帧处设置"偏移"为100%，在第3秒处设置"偏移"为100%，在第3秒07帧处设置"偏移"为0%，如10-106所示。

06 按小键盘上的【0】数字键预览最终效果，如图10-107所示。

图10-106　设置参数

图10-107　视频效果

Example 实例 077 **制作精工品质文字**

在制作"精工品质"文字的过程中，主要运用了"启用逐字3D化"和"瞄点"等文本属性的设置方法。本实例最终效果如图10-108所示。

图10-108 视频效果

素材文件	无
效果文件	无
视频文件	光盘\视频\第10章\实例077 制作精工品质文字.mp4

01 在"总合成"时间线面板中，使用横排文字工具，创建一个"精工品质"文字图层，设置"字体体系"为"创艺简黑体"、"字体大小"为60像素、"字体颜色"为黑色，如图10-109所示。

02 选择"精工品质"图层，将其图层入点放在第4秒的位置，在第7秒23帧处按【Alt+】键，切断图层后面的素材，按【P】键，设置"位置"为（410.0,604.0），如图10-110所示。

图10-109 创建文字　　　　　图10-110 设置参数

03 选中"精工品质"图层，依次展开"精工品质"→"文本"选项区，单击"动画"选项，依次添加"启用逐字3D化"和"瞄点"选项，设置"瞄点"为（0.0,−24.0,0.0），效果如图10-111所示。

④ 选择"精工品质"图层，依次展开"精工品质"→"文本"→"动画制作工具1"选项区，单击"添加"选项，依次添加"位置"、"缩放"、"不透明度"和"模糊"选项，设置"位置"为（0.0,0.0,−1000.0）、"缩放"为（500.0,500.0,500.0%）、"不透明度"为0%、"模糊"为（5.0,5.0），如图10-112所示。

图10-111 添加效果

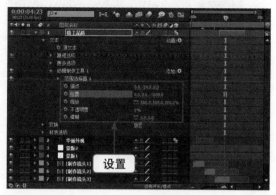

图10-112 设置参数

⑤ 选择"精工品质"图层，依次展开"精工品质"→"文本"→"制作动画工具1"→"范围选择器1"选项区，在第4秒处设置"偏移"为0%，在第4秒15帧处设置"偏移"为100%，在第7秒06帧处设置"偏移"为100%，在第7秒23帧处设置"偏移"为0%，如图10-113所示。

⑥ 按小键盘上【0】数字键预览最终效果，如图10-114所示。

图10-113 设置参数

图10-114 视频效果

Example 实例 **078 制作魅力科技文字**

在制作"魅力科技"文字的过程中，主要运用了"启用逐字3D化"和"瞄点"等文本属性的设置方法。本实例最终效果如图10-115所示。

素材文件	无
效果文件	无
视频文件	光盘\视频\第10章\实例078 制作魅力科技文字.mp4

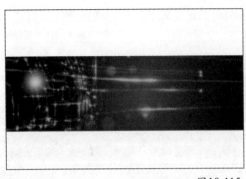

图10-115　视频效果

01 在"总合成"时间线面板中，使用横排文字工具，创建一个"魅力科技"文字图层，设置"字体体系"为"创艺简黑体"、"字体大小"为140像素、"字体颜色"为白色，如图10-116所示。

02 选中"魅力科技"图层，将其入点放在第8秒23帧的位置，在第11秒11帧处按【Alt＋】】键，切断后面的素材，按【P】键，设置"位置"为（507.0,403.0），如图10-117所示。

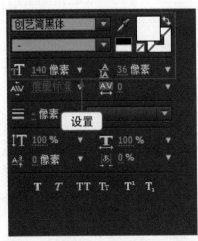

图10-116　创建文字

图10-117　设置参数

03 选择"魅力科技"图层，依次展开"魅力科技"→"文本"选项区，单击"动画"选项，依次添加"启用逐字3D化"和"瞄点"选项，设置"瞄点"为（0.0,－24.0,0.0），效果如图10-118所示。

04 选择"魅力科技"图层，依次展开"魅力科技"→"文本"→"动画制作工具1"选项区，单击"添加"选项，依次添加"位置"、"缩放"、"不透明度"和"模糊"选项，设置"位置"为（0.0,0.0,－1000.0）、"缩放"为（500.0,500.0,500.0%）、"不透明度"为0%、"模糊"为（5.0,5.0），如图10-119所示。

05 选择"魅力科技"图层，依次展开"魅力科技"→"文本"→"制作动画工具1"→"范围选择器1"选项区，在第8秒23帧处设置"偏移"为0%，在第9秒15帧处设置"偏移"为100%，如图10-120所示。

06 按小键盘上的【0】数字键预览最终效果，如图10-121所示。

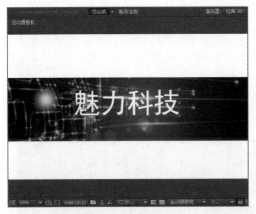

图10-118　效果图

图10-119　设置参数

图10-120　设置参数

图10-121　视频效果

Example 实例 079 制作英文文字

在制作"英文文字"的过程中，主要运用了"启用逐字3D化"和"瞄点"等文本属性的设置方法。本实例最终效果如图10-122所示。

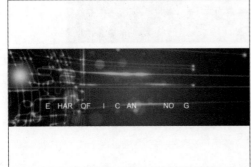 

图10-122　视频效果

素材文件	无
效果文件	无
视频文件	光盘\视频\第10章\实例079 制作英文文字.mp4

01 在"总合成"时间线面板中，使用横排文字工具，创建一个"THE CHARM OF SCIENCE AND TECHNOLOGY"文字图层，设置"字体体系"为"创艺简黑体"、"字体大小"为35像素、"字体颜色"为白色，如图10-123所示。

02 选择"THE CHARM OF SCIENCE AND TECHNOLOGY"图层，将其入点放在第8秒19帧的位置，在第11秒11帧处按【Alt＋】】键，切断后面的素材，按【P】键，设置"位置"为（637.0,478.0）如图10-124所示。

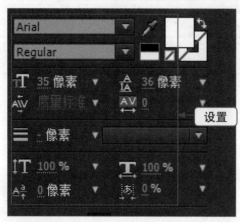

图10-123　创建文字

图10-124　设置参数

03 选择"THE CHARM OF SCIENCE AND TECHNOLOGY"图层，依次展开"THE CHARM OF SCIENCE AND TECHNOLOGY"→"文本"选项区，单击"动画"选项，依次添加"启用逐字3D化"和"瞄点选项"，设置"瞄点"为（0.0,－24.0,0.0），效果如图10-125所示。

图10-125　效果图

04 选择"THE CHARM OF SCIENCE AND TECHNOLOGY"图层，依次展开"THE CHARM OF SCIENCE AND TECHNOLOGY"→"文本"→"动画制作工具1"选项区，单击"添加"选项，依次添加"位置"、"缩放"、"不透明度"和"模糊"选项，设置"位置"为（0.0,0.0,－1000.0）、"缩放"为（500.0,500.0,500.0%）、"不透明度"为0%、"模糊"为（5.0,5.0），如图10-126所示。

图10-126 设置参数

05 依次展开"THE CHARM OF SCIENCE AND TECHNOLOGY"→"文本"→"制作动画工具1"→"范围选择器1"选项区,在第8秒13帧处设置"偏移"为0%,在第9秒05帧处设置"偏移"为100%,如图10-127所示。

06 按小键盘上的【0】数字键预览最终效果,如图10-128所示。

图10-127 效果图

图10-128 视频效果

11 商业广告制作
——《宝迪莱珠宝》

学习提示

　　随着珠宝行业的不断发展，珠宝广告的宣传手段也逐渐从单纯的平面宣传模式走向了多元化的多媒体宣传方式。本章主要介绍制作戒指商业广告的方法。

本章关键实例导航

- 实例080　导入素材文件
- 实例081　制作闪光背景
- 实例082　制作若隐若现效果
- 实例083　创建宣传语字幕
- 实例084　制作宣传语运动效果
- 实例085　创建店名字幕效果
- 实例086　制作店名运动效果
- 实例087　添加广告音乐
- 实例088　添加音乐过渡效果
- 实例089　导出商业广告

Example 实例 **080** 导入素材文件

在制作商业广告前，首先需要一个合适的背景图片。蓝色代表浪漫和神秘感，接下来导入一张蓝色图片作为整个广告效果的背景。本实例最终效果如图11-1所示。

图11-1 视频效果

素材文件	光盘\素材\第11章\真爱恒久.jpg、闪光.psd、戒指.png、音乐.mp3
效果文件	无
视频文件	光盘\视频\第11章\实例080 导入素材文件.mp4

01 按【Ctrl+N】键，在弹出的"合成设置"对话框中设置"合成名称"为"宝迪莱珠宝"、"宽度"为720px、"高度"为576px、"帧速率"为25、"持续时间"为（0:00:06:00），如图11-2所示。

02 按【Ctrl+I】键，在弹出的"导入文件"对话框中，选择所需的素材，如图11-3所示。

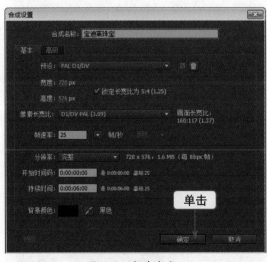

图11-2 新建合成

图11-3 选择所需素材

03 单击"导入"按钮，即可将素材文件导入到"项目"面板中，如图11-4所示。

04 选择导入"真爱恒久"图像文件，将其拖曳至时间线面板中，如图11-5所示。

181

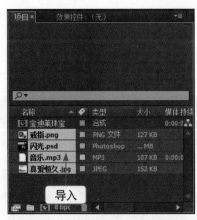

图11-4 导入至"项目"面板　　图11-5 拖曳至时间线面板

05 选择"真爱恒久"图层，按【S】键，设置"缩放"为130.0，在合成窗口中预览图像，如图11-6所示。

06 在"项目"面板中，选择"闪光"素材文件，将其拖曳至"真爱恒久"图层的上面，如图11-7所示。

图11-6 预览图像效果　　图11-7 拖曳素材

07 执行上述操作后，即可在合成窗口中预览图像效果，如图11-8所示。

08 在"项目"面板中，选择"戒指"素材文件，将其拖曳至"闪光"图层的上面，如图11-9所示。

图11-8 预览图像效果　　图11-9 拖曳素材

⑨ 展开"戒指"图层，设置"位置"为（260.0，280.0）、"缩放"为80.0，如图11-10
所示。

⑩ 按小键盘上的【0】数字键预览最终效果，如图11-11所示。

图11-10 设置参数

图11-11 视频效果

081 制作闪光背景

闪光背景可以为静态的背景图像增添动感效果，下面将介绍制作闪光背景的操作方
法。本实例最终效果如图11-12所示。

图11-12 视频效果

素材文件	光盘\素材\第11章\闪光.jpg
效果文件	无
视频文件	光盘\视频\第11章\实例082 制作闪光背景.mp4

① 展开"闪光"图层，单击"缩放"和"旋转"左侧的"时间变化秒表"按钮，如图11-13
所示。

② 设置"缩放"为50.0，添加关键帧，如图11-14所示。

③ 将时间线拖曳至00:00:01:15位置，设置"旋转"为260.0，添加关键帧，如图11-15
所示。

④ 将时间线拖曳至00:00:04:00位置，设置"缩放"为190.0、"旋转"为（1×160.0°），
添加关键帧，如图11-16所示。

图11-13　单击相应按钮

图11-14　添加关键帧

图11-15　添加关键帧

图11-16　添加关键帧

⑤ 按小键盘上的【0】数字键预览最终效果，如图11-17所示。

图11-17　视频效果

Example 实例 082 **制作若隐若现效果**

本例为"戒指"素材添加出一种若隐若现的效果，以体现出朦胧感。本实例最终效果如图11-18所示。

图11-18　视频效果

素材文件	光盘\素材\第11章\戒指.jpg
效果文件	无
视频文件	光盘\视频\第11章\实例083　制作若隐若现效果.mp4

01 选择"戒指"图层，按【T】键，单击"不透明度"左侧的"时间变化秒表"按钮，设置参数为0%，如图11-19所示。

02 将时间线拖曳至00:00:01:15位置，设置"不透明度"为100%，添加关键帧，即可制作若隐若现效果，如图11-20所示。

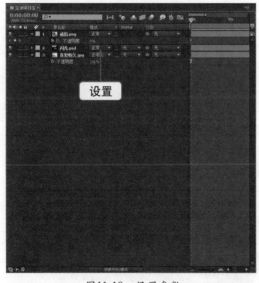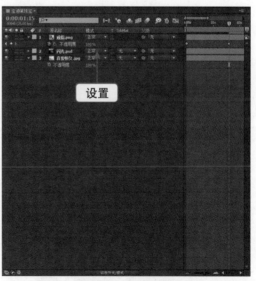

图11-19　设置参数　　　　　　　　　　图11-20　设置参数

03 按小键盘上的【0】数字键预览最终效果，如图11-21所示。

图11-21　视频效果

Example **实例** 〇83　**创建宣传语字幕**

在完成了对戒指广告的所有编辑操作后，下面将为广告画面添加宣传语信息。本实例最终效果如图11-22所示。

图11-22　视频效果

素材文件	无
效果文件	无
视频文件	光盘\视频\第11章\实例083 创建宣传语字幕.mp4

01 单击工具栏中的"横排文字工具"按钮，选择文字工具，如图11-23所示。

02 在合成窗口中的合适位置输入文字"与你相约"，如图11-24所示。

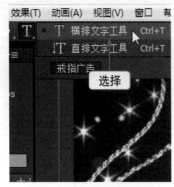

图11-23　选择文字工具　　　　　　　　图11-24　输入文字

03 设置"字体"为"方正综艺简体"、"大小"为65像素、"颜色"为黄色（FFFF00），如图11-25所示。

04 单击"效果"→"透视"→"投影"命令，展开"效果控件"面板，设置"距离"为10.0，如图11-26所示。

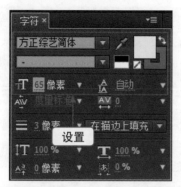

图11-25　设置参数

图11-26　设置参数

05 单击"描边颜色"按钮，在弹出的"文本颜色"对话框中设置"颜色"为暗红色（790759），添加"外描边"效果，效果如图11-27所示。

06 移动时间指示器至00:00:02:00的位置，将创建的字幕文件移到时间指示器位置处，并调整其长度，如图11-28所示。

图11-27　效果图

图11-28　设置参数

07 按小键盘上的【0】数字键预览最终效果，如图11-29所示。

图11-29　视频效果

Example 实例 084 制作宣传语运动效果

完成宣传语字幕的创建后，下面为宣传语字幕添加运动效果。本实例最终效果如图11-30所示。

图11-30　视频效果

素材文件	无
效果文件	无
视频文件	光盘\视频\第11章\实例084　制作宣传语运动效果.mp4

01 展开"与你相约"图层，单击"缩放"和"不透明度"左侧的"时间变化秒表"按钮，如图11-31所示。

02 设置"缩放"和"不透明度"均为0，添加关键帧，如图11-32所示。

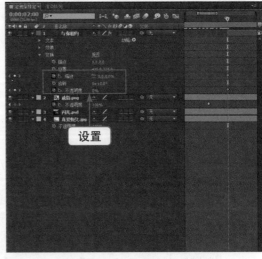

图11-31　单击相应按钮　　　　　　　　图11-32　添加关键帧

03 将当前时间指示器拖曳至00:00:04:00的位置，如图11-33所示。

04 设置"缩放"和"不透明度"均为100，添加关键帧，即可设置字幕运动，如图11-34所示。

05 按小键盘上的【0】数字键预览最终效果，如图11-35所示。

图11-33 拖曳时间指示器　　　　　　　　图11-34 添加关键帧

图11-35 视频效果

Example 实例 085 创建店名字幕效果

在制作了宣传语字幕后，还需要创建珠宝店的店名。本实例最终效果如图11-36所示。

图11-36 视频效果

素材文件	无
效果文件	无
视频文件	光盘\视频\第11章\实例086 创建店名字幕效果.mp4

01 单击工具栏中的"横排文字工具"按钮，选择文字工具，如图11-37所示。

02 在合成窗口中的合适位置输入文字"宝迪莱珠宝"，如图11-38所示。

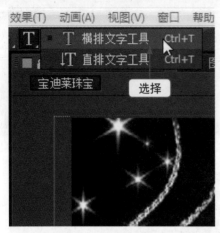

图11-37 选择文字工具

图11-38 输入文字

03 设置"字体"为"华文行楷"、"字体大小"为70像素、"颜色"为黄色（FFFF00），如图11-39所示。

04 单击"效果"→"透视"→"投影"命令，展开"效果控件"面板，设置"距离"为10.0，如图11-40所示。

图11-39 设置参数

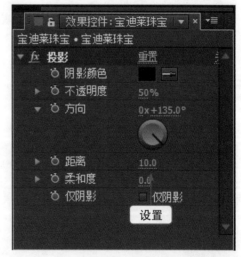

图11-40 设置参数

05 单击"描边颜色"按钮，在弹出的"文本颜色"对话框中设置"颜色"为紫色（9A00FF），添加"外描边"效果，效果如图11-41所示。

06 选择"宝迪莱珠宝"图层，按【P】键，设置位置为（400.0,560.0），如图11-42所示。

图11-41 效果图 　　　　　　　　　　　图11-42 设置参数

07 按小键盘上的【0】数字键预览最终效果，如图11-43所示。

图11-43 视频效果

Example 实例 086 制作店名运动效果

添加字幕效果后，下面为字幕添加动态效果。本实例最终效果如图11-44所示。

图11-44 视频效果

素材文件	无
效果文件	无
视频文件	光盘\视频\第11章\实例087 制作店名运动效果.mp4

01 在时间线面板中，将当前时间指示器拖曳至开始位置，如图11-45所示。

02 展开"宝迪莱珠宝"图层，单击"缩放"和"不透明度"左侧的"时间变化秒表"按钮，如图11-46所示。

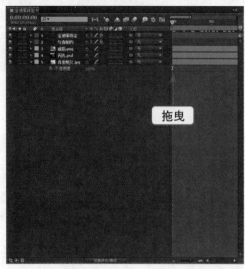

图11-45 拖曳时间指示器

图11-46 单击相应按钮

03 设置"缩放"和"不透明度"均为0，添加关键帧，如图11-47所示。

04 将时间线拖曳至00:00:01:15位置，设置"缩放"为100.0，如图11-48所示。

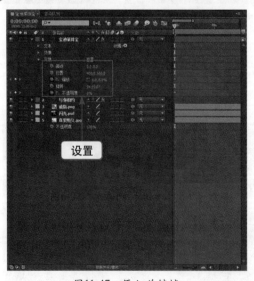

图11-47 添加关键帧

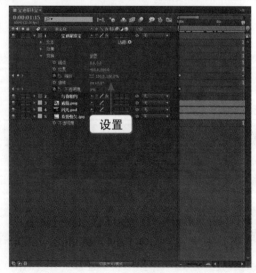

图11-48 设置参数

05 单击"不透明度"左侧的"在当前时间添加或移除关键帧"按钮，添加关键帧，如图11-49所示。

06 将时间线拖曳至00:00:02:16位置，设置"不透明度"为100%，如图11-50所示。

图11-49 添加关键帧

图11-50 设置参数

07 按小键盘上【0】数字键预览最终效果，如图11-51所示。

图11-51 视频效果

Example 实例 087 添加广告音乐

在制作完成戒指广告的整体效果后，下面为广告添加音乐文件。本实例最终效果如图11-52所示。

图11-52 视频效果

素材文件	无
效果文件	无
视频文件	光盘\视频\第11章\实例087 添加广告音乐.mp4

01 在"项目"面板中，选择"音乐.mp3"文件，如图11-53所示。

02 将"音乐.mp3"文件添加至时间线面板中，并调整音乐的长度，如图11-54所示。

图11-53 选择相应文件　　　　　　图11-54 调整音乐长度

03 按小键盘上【0】数字键试听音乐并预览最终效果，如图11-55所示。

图11-55 视频效果

Example 实例 088 添加音乐过渡效果

在After Effects CC中制作商业广告时，为了增加影片的震撼效果，可以为商业广告添加音频效果。本实例最终效果如图11-56所示。

素材文件	无
效果文件	无
视频文件	光盘\视频\第11章\实例088 添加音乐过渡效果.mp4

图11-56　视频效果

01 拖曳时间指示器至开始位置，展开"音乐"图层，如图11-57所示。

02 单击"音频电平"选项左侧的"时间变化秒表"按钮，设置"音频电平"为-20.00dB，如图11-58所示。

 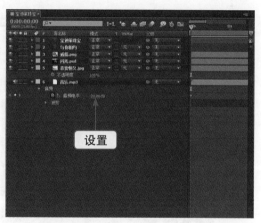

图11-57　展开"音乐"图层　　　　　　　　图11-58　设置参数

03 拖曳时间指示器至00:00:01:00的位置，设置"音频电平"为+0.00dB，添加淡入音效，如图11-59所示。

04 拖曳时间指示器至结束位置，设置"音频电平"为-20.00dB，如图11-60所示。

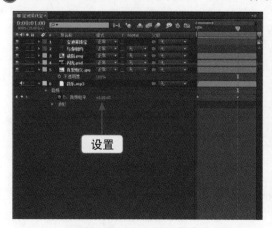 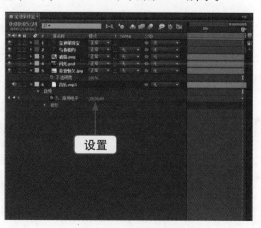

图11-59　添加淡入音效　　　　　　　　图11-60　设置参数

05 拖曳时间指示器至00:00:04:24的位置，设置"音频电平"为＋0.00dB，添加淡出音效，如图11-61所示。

06 按小键盘上的【0】数字键试听音乐并预览最终效果，如图11-62所示

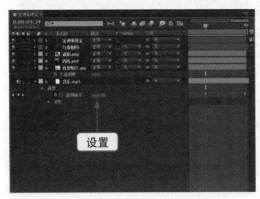

设置

图11-61　添加淡出音效　　　　　　　　　　图11-62　视频效果

Example 实例 089 导出商业广告

制作出广告动画、字幕、音乐效果后，就可以将编辑完成的影片导出为视频文件了。下面介绍导出商业广告——《宝迪莱珠宝》视频文件的操作方法。本实例最终效果如图11-63所示。

图11-63　视频效果

素材文件	无
效果文件	光盘\效果\第11章\宝迪莱珠宝.aep
视频文件	光盘\视频\第11章\实例089　导出商业广告.mp4

01 按【Ctrl＋M】键，切换至"渲染队列"面板，单击"输出模板"选项右侧的"无损"超链接，如图11-64所示。

02 弹出"输出模块设置"对话框，单击"格式"选项右侧的下拉按钮，在弹出的列表框中选择"QuickTime"选项，如图11-65所示，单击"确定"按钮。

03 单击"输出到"右侧的"宝迪莱珠宝.mov"超链接，弹出"将影片输出到"对话框，在其中设置视频文件的保存位置和文件名，如图11-66所示，单击"保存"按钮。

04 返回"渲染队列"界面，单击面板右上角的"渲染"按钮，开始导出视频文件，并显示导出进度，稍后即可导出商业广告，如图11-67所示。

图11-64　单击超链接

图11-65　选择相应选项

图11-66　设置位置和文件名

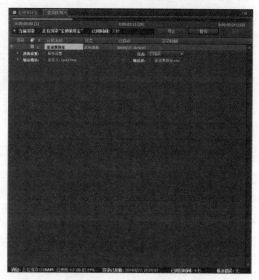

图11-67　导出商业广告

05 按小键盘上的【0】数字键预览最终效果，如图11-68所示。

图11-68　视频效果

12 影视节目片头
——《影视频道》

学习提示

　　影视节目片头对节目起着形象包装的作用。在现代生活中，节目片头一直是广大电视观众最关注的镜头。本章主要通过一个电视栏目《影视频道》节目片头的制作，帮助读者了解使用After Effects CC制作影视片头的方法。

本章关键实例导航

- 实例090　导入节目片头素材
- 实例091　制作节目片头画面
- 实例092　制作片头转场特效
- 实例093　制作"泡沫"特效
- 实例094　制作"镜头光晕"特效
- 实例095　制作片头字幕特效
- 实例096　添加片头背景音乐
- 实例097　制作背景音乐特效
- 实例098　导出节目片头视频

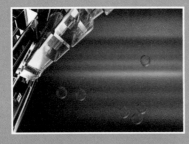

Example 实例 090 **导入节目片头素材**

在制作节目片头特效之前，首先需要将视频素材导入到"项目"面板中。本实例最终效果如图12-1所示。

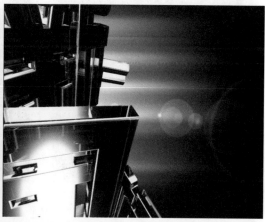

图12-1　视频效果

素材文件	光盘\素材\第12章\片头特效1~4.mov、音乐.mp3
效果文件	无
视频文件	光盘\视频\第12章\实例090 导入节目片头素材.mp4

01 按【Ctrl＋N】键，在弹出的"合成设置"对话框中，设置"合成名称"为"影视频道"、"宽度"为720px、"高度"为576px、"帧速率"为25、"持续时间"为（0:00:17:15），如图12-2所示。

02 按【Ctrl＋I】键，在弹出的"导入文件"对话框中，选择所需的素材文件，如图12-3所示。

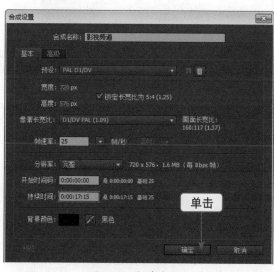

图12-2　新建合成　　　　　　　　　　图12-3　选择所需的素材

03 单击"导入"按钮，即可将素材文件导入到"项目"面板中，如图12-4所示。

04 在"项目"面板中选择视频素材,在"素材"窗口中即可预览添加的素材,如图12-5所示。

图12-4 导入到"项目"面板   图12-5 预览素材效果

Example 实例 091 制作节目片头画面

将节目片头素材导入到"项目"面板后,接下来需要在时间线面板中制作节目片头画面。本实例最终效果如图12-6所示。

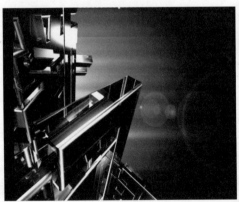

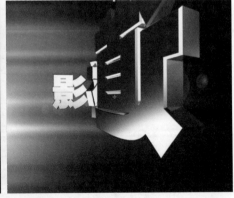

图12-6 视频效果

素材文件	无
效果文件	无
视频文件	光盘\视频\第12章\实例091 制作节目片头画面.mp4

01 在"项目"面板中,选择"片头特效1"素材文件,如图12-7所示。

02 在选择的视频素材上,单击鼠标左键并将其拖曳至"影视频道"合成的时间线面板中,如图12-8所示。

03 在该图层上,单击鼠标右键,在弹出的快捷菜单中依次选择"时间"→"时间伸缩"选项,如图12-9所示。

04 弹出"时间伸缩"对话框,设置"新持续时间"为0:00:04:13,如图12-10所示。

图12-7 选择视频素材

图12-8 拖曳素材

图12-9 选择相应选项

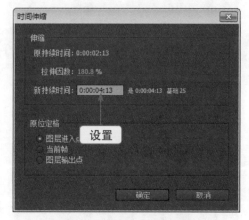

图12-10 设置素材持续时间

05 单击"确定"按钮，即可更改"片头特效1.mov"素材的持续时间，如图12-11所示。

06 在"项目"面板中，选择"片头特效2.mov"视频素材，如图12-12所示。

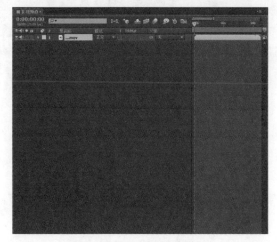

图12-11 更改素材持续时间

图12-12 选择视频素材

07 在选择的视频素材上，单击鼠标左键并将其拖曳至"片头特效1.mov"图层的下面，如图12-13所示。

08 在该图层上单击鼠标右键，在弹出的快捷菜单中依次选择"时间"→"时间伸缩"选项，如图12-14所示。

图12-13 拖曳素材 图12-14 选择相应选项

09 弹出"时间伸缩"对话框，设置"新持续时间"为0:00:05:11，如图12-15所示。

10 单击"确定"按钮，即可更改"片头特效2.mov"素材的持续时间，如图12-16所示。

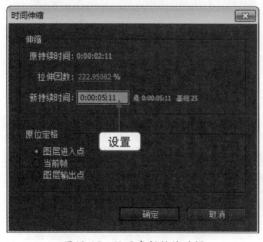

图12-15 设置素材持续时间 图12-16 更改素材持续时间

11 在"项目"面板中，选择"片头特效3.mov"视频素材，如图12-17所示。

12 在选择的视频素材上，单击鼠标左键并将其拖曳至"片头特效2.mov"图层的下面，如图12-18所示。

13 在该图层上单击鼠标右键，在弹出的快捷菜单中依次选择"时间"→"时间伸缩"选项，如图12-19所示。

14 弹出"时间伸缩"对话框，设置"新持续时间"为0:00:05:10，如图12-20所示。

图12-17　选择视频素材

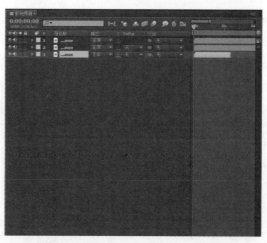

图12-18　拖曳素材

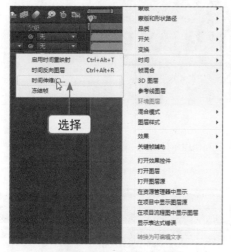

图12-19　选择相应选项

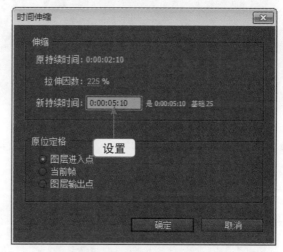

图12-20　设置素材持续时间

⑮ 单击"确定"按钮，即可更改"片头特效3.mov"素材的持续时间，如图12-21所示。

⑯ 在"项目"面板中，选择"片头特效4.mov"视频素材，如图12-22所示。

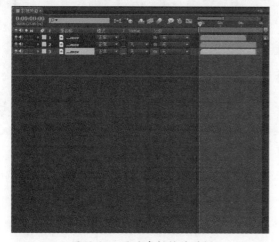

图12-21　更改素材持续时间

图12-22　选择视频素材

⑰ 在选择的视频素材上，单击鼠标左键并将其拖曳至"片头特效3.mov"图层的下面，如图12-23所示。

⑱ 在该图层上单击鼠标右键，在弹出的快捷菜单中依次选择"时间"→"时间伸缩"选项，如图12-24所示。

图12-23　拖曳素材　　　　　　　　　　　图12-24　选择相应选项

⑲ 弹出"时间伸缩"对话框，设置"新持续时间"为0:00:05:07，如图12-25所示。

⑳ 单击"确定"按钮，即可更改"片头特效4.mov"素材的持续时间，如图12-26所示。

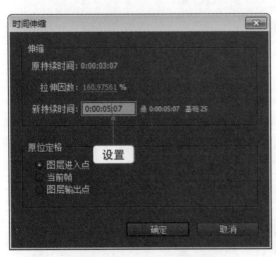

图12-25　设置素材持续时间

图12-26　更改素材持续时间

㉑ 拖曳时间指示器至0:00:03:13的位置，将"片头特效2"素材文件拖曳至时间指示器的位置，如图12-27所示。

㉒ 拖曳时间指示器至0:00:08:00的位置，将"片头特效3"素材文件拖曳至时间指示器的位置，如图12-28所示。

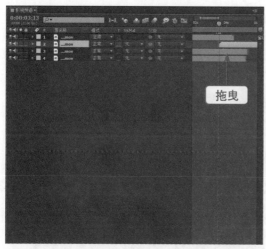

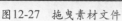

图12-27 拖曳素材文件   图12-28 拖曳素材文件

23 拖曳当前时间指示器至0:00:12:10的位置，如图12-29所示。

24 将"片头特效4"素材文件拖曳至时间指示器的位置，如图12-30所示。

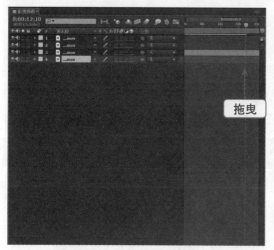

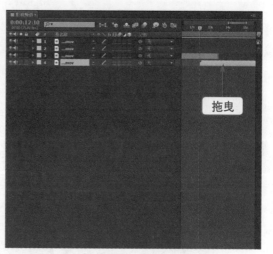

图12-29 拖曳时间指示器   图12-30 拖曳素材文件

25 按小键盘上的【0】数字键预览最终效果，如图12-31所示。

图12-31 视频效果

Example 实例 092 **制作片头转场特效**

在After Effects CC中，可以在各图层之间应用"块溶解"转场效果，实现素材之间的交叉叠化效果。本实例最终效果如图12-32所示。

图12-32 视频效果

素材文件	无
效果文件	无
视频文件	光盘\视频\第12章\实例092 制作片头转场特效.mp4

01 在"效果和预设"面板中展开"过渡"选项区，选择"块溶解"选项，如图12-33所示。

02 选择"片头特效1"图层，使用鼠标左键双击"块溶解"视频过渡，展开"效果控件"面板，如图12-34所示。

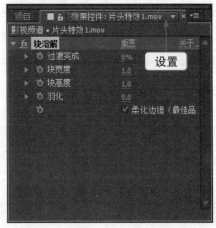

图12-33 选择相应选项　　　　图12-34 展开"效果控件"面板

03 拖曳当前时间指示器至00:00:03:13的位置，设置"过渡完成"为0%，拖曳当前时间指示器至00:00:04:13的位置，设置"过渡完成"为100%，设置"羽化"为50.0，如图12-35所示。

04 在时间线面板中，选择"片头特效2"图层，如图12-36所示。

图12-35　设置参数　　　　　　　　　　　　图12-36　选择图层

05 使用鼠标左键双击"块溶解"视频过渡，为"片头特效2"图层添加"块溶解"视频过渡，展开"效果控件"面板，如图12-37所示。

06 拖曳当前时间指示器至00:00:08:00的位置，设置"过渡完成"为0%，拖曳当前时间指示器至00:00:09:00的位置，设置"过渡完成"为100%，设置"羽化"为50.0，如图12-38所示。

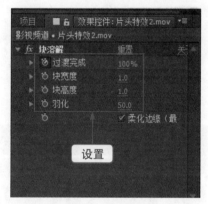

图12-37　展开"效果控件"面板　　　　　　　图12-38　设置参数

07 在时间线面板中选择"片头特效3"图层，如图12-39所示。

08 使用鼠标左键双击"块溶解"视频过渡，为"片头特效3"图层添加"块溶解"视频过渡，展开"效果控件"面板，如图12-40所示。

图12-39　选择图层　　　　　　　　　　　　图12-40　展开"效果控件"面板

⑨ 拖曳当前时间指示器至00:00:12:10的位置，设置"过渡完成"为0%，拖曳当前时间指示器至00:00:13:10的位置，设置"过渡完成"为100%，设置"羽化"为50.0，如图12-41所示。

⑩ 按小键盘上的【0】数字键预览最终效果，如图12-42所示。

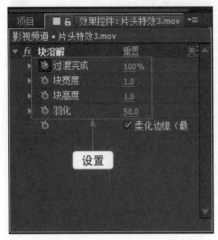

图12-41　设置参数

图12-42　视频效果

Example 实例 **093 制作"泡沫"特效**

制作节目片头转场特效后，接下来需要制作"泡沫"特效。本实例最终效果如图12-43所示。

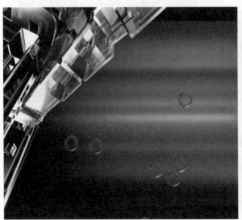
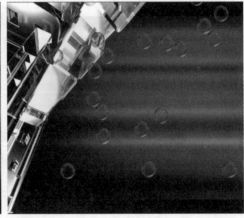

图12-43　视频效果

素材文件	无
效果文件	无
视频文件	光盘\视频\第12章\实例093　制作"泡沫"特效.mp4

① 在时间线面板中，按【Ctrl＋Y】键新建一个固态层，设置名称为"泡泡"，如图12-44所示，单击"确定"按钮。

② 拖曳当前时间指示器至0:00:04:13的位置处，如图12-45所示。

图12-44　新建固态层

图12-45　拖曳时间指示器

03 将"泡泡"图层拖曳至当前时间指示器的位置，如图12-46所示。

04 在"泡泡"图层上单击鼠标右键，在弹出的快捷菜单中依次选择"时间"→"时间伸缩"选项，如图12-47所示。

图12-46　拖曳图层

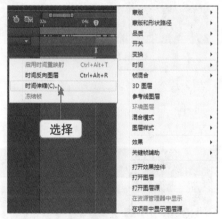

图12-47　选择相应选项

05 弹出"时间伸缩"对话框，设置"新持续时间"为0:00:04:10，如图12-48所示。

06 单击"确定"按钮，即可更改"泡泡"图层的持续时间，如图12-49所示。

图12-48　设置持续时间

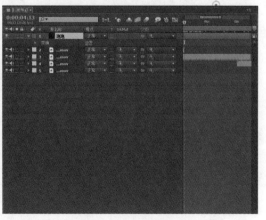

图12-49　更改持续时间

07 在菜单栏中，单击"效果"→"模拟"→"泡沫"命令，如图12-50所示。

08 展开"效果控件"面板，设置"视图"为"已渲染"模式，如图12-51所示。

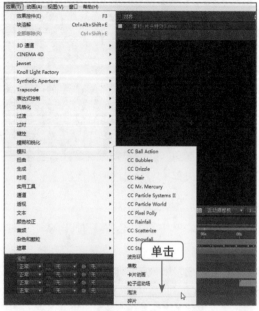

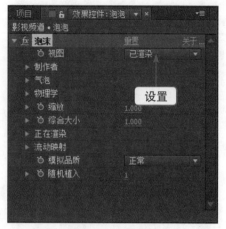

图12-50 单击命令　　　　　　　　　　图12-51 设置参数

09 在合成窗口中可以预览"泡沫"效果，如图12-52所示。

10 展开"制作者"选项区，设置"产生点"为（470.0,580.0）、"产生X大小"和"产生Y大小"均为0.450、"产生速率"为0.100，如图12-53所示。

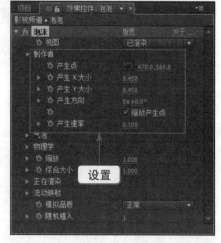

图12-52 预览效果　　　　　　　　　　图12-53 设置参数

11 展开"气泡"选项区，设置"大小"为1.000、"大小差异"为0.000、"气泡增长速度"为1.000、"强度"为1.000，如图12-54所示。

12 展开"物理学"选项区，设置"初始速度"为1.500、"风速"为0.400、"风向"、"湍流"、"摇摆量"均为0.000、"排斥力"为0.600、"弹跳速度"为0.900、"粘度"为1.000，如图12-55所示。

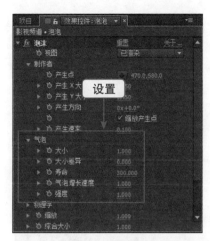

图12-54 设置参数

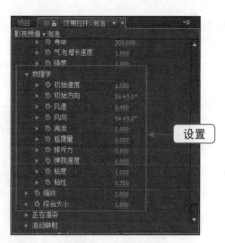

图12-55 设置参数

⓭ 展开"正在渲染"选项区，设置"气泡方向"为"物理方向"，如图12-56所示。

⓮ 选择"泡泡"图层，按【Ctrl＋D】键复制一个新图层，如图12-57所示。

图12-56 设置参数

图12-57 复制新图层

⓯ 设置"泡泡"图层的模式为"叠加"模式，如图12-58所示。

⓰ 按小键盘上的【0】数字键预览最终效果，如图12-59所示。

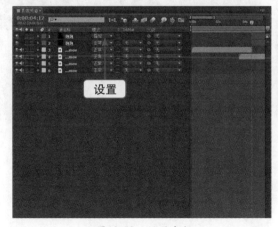

图12-58 设置参数

图12-59 视频效果

Example 实例 094 制作"镜头光晕"特效

制作"泡沫"特效后,接下来需要制作"镜头光晕"特效。本实例最终效果如图12-60所示。

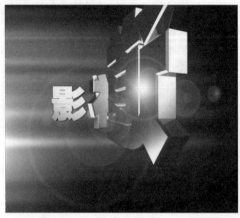 

图12-60 视频效果

素材文件	无
效果文件	无
视频文件	光盘\视频\第12章\实例094 制作"镜头光晕"特效.mp4

01 将时间指示器拖曳至0:00:13:10的位置处,如图12-61所示。

02 在时间线面板中,选择"片头特效4"图层,如图12-62所示。

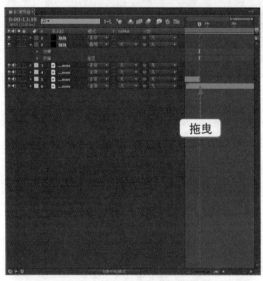

图12-61 拖曳时间指示器

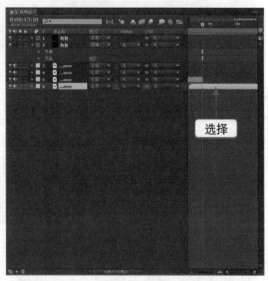

图12-62 选择图层

03 在菜单栏中,单击"效果"→"生成"→"镜头光晕"命令,如图12-63所示。

04 展开"效果控件"面板,为"光晕中心"添加关键帧,设置"光晕中心"为(800.0,230.0);拖曳时间指示器至结束位置,设置"光晕中心"为(300.0,230.0),如图12-64所示。

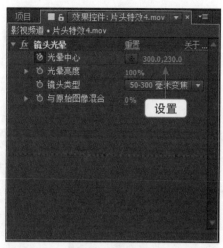

图12-63　单击命令　　　　　　　　　　图12-64　设置参数

05 按小键盘上的【0】数字键预览最终效果，如图12-65所示。

图12-65　视频效果

Example 实例 095 制作片头字幕特效

在After Effects CC中，为影视节目片头视频应用字幕动画效果，可以丰富画面的内容。本实例最终效果如图12-66所示。

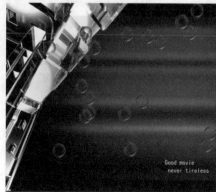
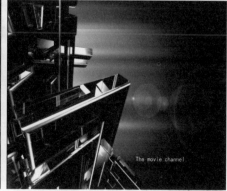

图12-66　视频效果

素材文件	无
效果文件	无
视频文件	光盘\视频\第12章\实例095 制作片头字幕特效.mp4

01 在时间线面板中，拖曳当前时间指示器至开始位置，如图12-67所示。

02 单击工具栏中的"横排文字工具"按钮，选择文字工具，如图12-68所示。

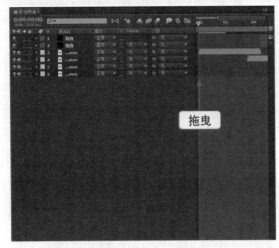

图12-67 拖曳时间指示器

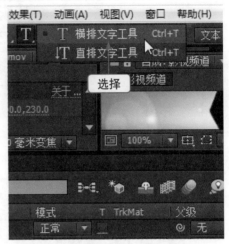

图12-68 选择文字工具

03 在合成窗口中单击并输入英文字母"See a movie every day"，调整字母位置，如图12-69所示。

04 选择输入的英文字母内容，设置"字体"为"黑体"、"字体大小"为20、"色彩"为白色，设置字幕属性，如图12-70所示。

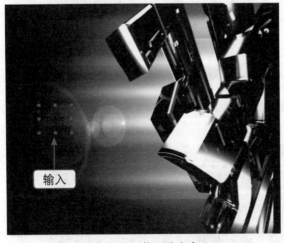

图12-69 输入英文字母

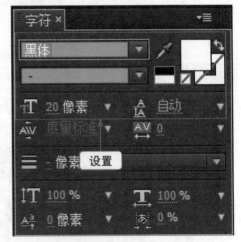

图12-70 设置字幕属性

05 选择"See a movie every day"图层，按【P】键，设置位置为（30.0,230.0），如图12-71所示。

06 在"See a movie every day"图层上单击鼠标右键，在弹出的快捷菜单中依次选择"时间"→"时间伸缩"选项，如图12-72所示。

图12-71　设置位置

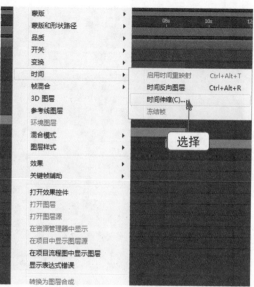

图12-72　选择相应选项

07 弹出"时间伸缩"对话框，设置"新持续时间"为0:00:02:15，如图12-73所示。

08 单击"确定"按钮，即可更改该图层的持续时间，如图12-74所示。

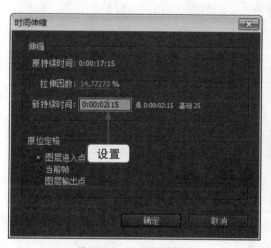

图12-73　设置持续时间

图12-74　更改持续时间

09 展开"See a movie every day"图层，单击"文本"右侧的三角形按钮，从菜单中选择"不透明度"命令，设置"不透明度"的值为0%，如图12-75所示。

10 展开"范围选择器1"选项，单击"偏移"左侧的"时间变化秒表"按钮，添加关键帧，如图12-76所示。

11 将时间调到0:00:02:00的位置，设置"偏移"的值为100%，系统会自动添加关键帧，如图12-77所示。

12 在合成窗口中可以预览字幕效果，如图12-78所示。

图12-75　设置参数

图12-76　添加关键帧

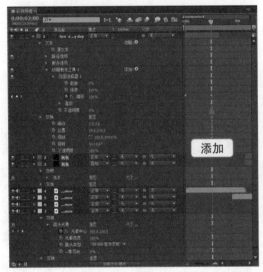

图12-77　添加关键帧

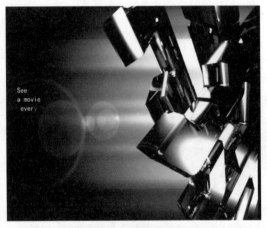

图12-78　预览视频效果

⑬ 在时间线面板中，拖曳当前时间指示器至0:00:04:15的位置，如图12-79所示。

⑭ 单击工具栏中的"横排文字工具"按钮，选择文字工具，如图12-80所示。

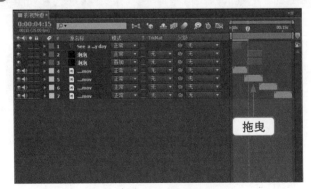

图12-79　拖曳时间指示器

图12-80　选择文字工具

⑮ 在合成窗口中单击并输入英文字母"Good movie never tireless"，调整字母位置，如图12-81所示。

⑯ 拖曳"Good movie never tireless"图层至当前时间指示器的位置处，如图12-82所示。

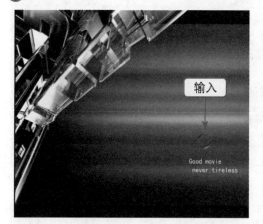

图12-81　输入英文字母

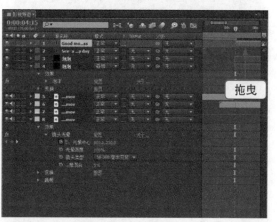

图12-82　拖曳图层

⑰ 在"Good movie never tireless"图层上单击鼠标右键，在弹出的快捷菜单中依次选择"时间"→"时间伸缩"选项，如图12-83所示。

⑱ 弹出"时间伸缩"对话框，设置"新持续时间"为0:00:02:15，如图12-84所示。

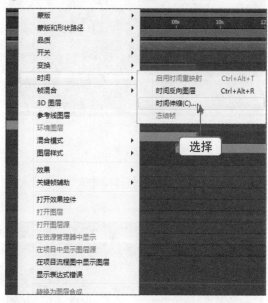

图12-83　选择相应选项

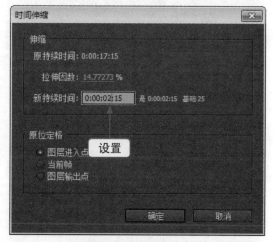

图12-84　设置持续时间

⑲ 单击"确定"按钮，即可更改该图层的持续时间，如图12-85所示。

⑳ 选择"Good movie never tireless"图层，按【P】键，单击"位置"左侧的"时间变化秒表"按钮，设置位置为（530.0,600.0），如图12-86所示。

㉑ 拖曳当前时间指示器至0:00:06:20的位置，设置位置为（530.0,490.0），如图12-87所示。

㉒ 在合成窗口中可以预览字幕效果，如图12-88所示。

图12-85　更改持续时间

图12-86　设置位置

图12-87　设置位置

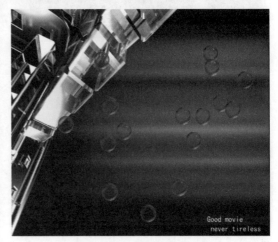

图12-88　预览视频效果

㉓ 在时间线面板中，拖曳当前时间指示器至0:00:08:24的位置，如图12-89所示。

㉔ 单击工具栏中的"横排文字工具"按钮，选择文字工具，在合成窗口中单击并输入英文字母"The movie channel"，如图12-90所示。

图12-89　拖曳时间指示器

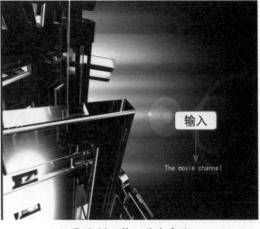

图12-90　输入英文字母

㉕ 选择"The movie channel"图层,按【P】键,设置位置为(435.0,490.0),如图12-91 所示。

㉖ 拖曳"The movie channel"图层至当前时间指示器的位置处,如图12-92所示。

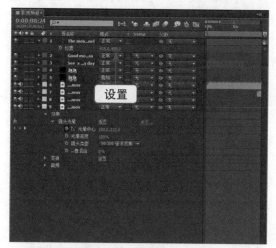

图12-91 设置位置

图12-92 拖曳图层

㉗ 在"The movie channel"图层上单击鼠标右键,在弹出的快捷菜单中依次选择"时间"→"时间伸缩"选项,如图12-93所示。

㉘ 弹出"时间伸缩"对话框,设置"新持续时间"为0:00:02:15,如图12-94所示。

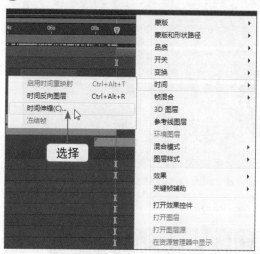

图12-93 选择相应选项

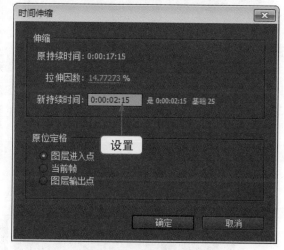

图12-94 设置持续时间

㉙ 单击"确定"按钮,即可更改该图层的持续时间,如图12-95所示。

㉚ 展开"The movie channel"图层,单击"文本"右侧的三角形按钮,从菜单中选择"不透明度"命令,设置"不透明度"的值为0%,如图12-96所示。

㉛ 展开"范围选择器1"选项,单击"偏移"左侧的"时间变化秒表"按钮,添加关键帧,如图12-97所示。

㉜ 将时间调到0:00:10:24的位置,设置"偏移"的值为100%,系统会自动添加关键帧,如图12-98所示。

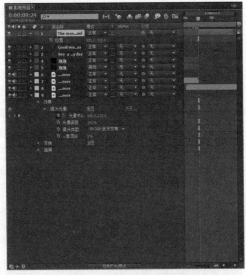

图12-95　更改持续时间

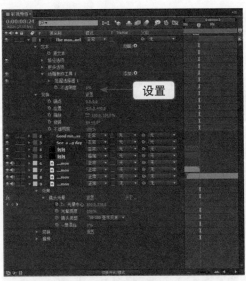

图12-96　设置参数

图12-97　添加关键帧

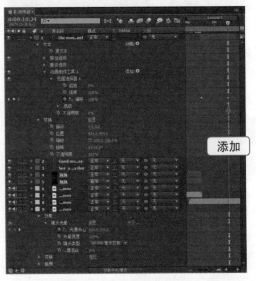

图12-98　添加关键帧

㉝ 按小键盘上的【0】数字键预览最终效果，如图12-99所示。

图12-99　视频效果

Example 实例 096 添加片头背景音乐

在制作完节目片头的整体效果后，需要为片头添加音乐文件。本实例最终效果如图12-100所示。

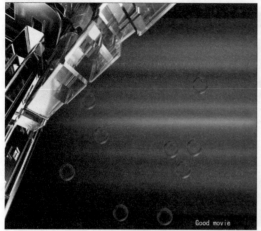

图12-100 视频效果

素材文件	光盘素材\第12章\音乐.mp3
效果文件	无
视频文件	光盘\视频\第12章\实例096 添加片头背景音乐.mp4

01 在"项目"面板中，选择"音乐.mp3"文件，如图12-101所示。

02 将"音乐.mp3"文件添加至时间线面板中，并调整音乐的长度，如图12-102所示。

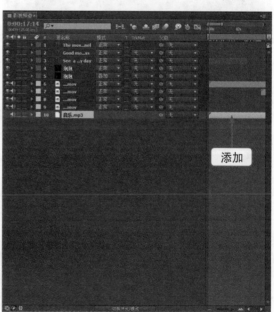

图12-101 选择相应文件　　　　　　　图12-102 调整音乐长度

03 按小键盘上【0】数字键试听音乐并预览最终效果，如图12-103所示。

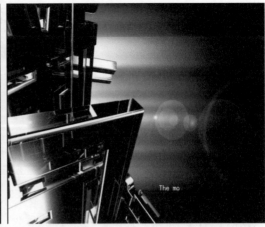

图12-103　视频效果

Example 实例 097 制作背景音乐特效

在After Effects CC中制作节目片头时，为了增加片头的震撼效果，可以为节目片头添加音频效果。本实例最终效果如图12-104所示。

图12-104　视频效果

素材文件	无
效果文件	无
视频文件	光盘\视频\第12章\实例097 制作背景音乐特效.mp4

01 拖曳时间指示器至开始位置，展开"音乐"图层，如图12-105所示。

02 单击"音频电平"选项左侧的"时间变化秒表"按钮，设置"音频电平"为－20.00dB，如图12-106所示。

03 拖曳时间指示器至00:00:01:00的位置，设置"音频电平"为＋0.00dB，添加淡入音效，如图12-107所示。

04 拖曳时间指示器至结束位置，设置"音频电平"为－20.00dB，如图12-108所示。

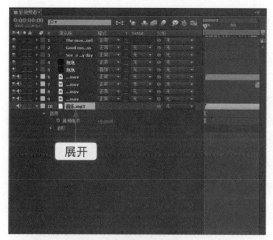

图12-105 展开"音乐"图层

图12-106 设置参数

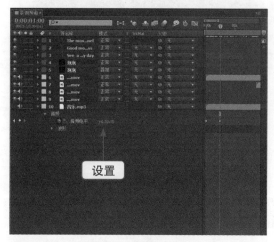

图12-107 添加淡入音效

图12-108 设置参数

05 拖曳时间指示器至00:00:16:14的位置，设置"音频电平"为＋0.00dB，添加淡出音效，如图12-109所示。

06 按小键盘上的【0】数字键试听音乐并预览最终效果，如图12-110所示。

图12-109 添加淡出音效

图12-110 视频效果

Example 实例 098 导出节目片头视频

完成节目片头的制作后，可以将编辑完成的影片导出为视频文件了。下面介绍导出影视节目片头——《影视频道》视频文件的操作方法。本实例最终效果如图12-111所示。

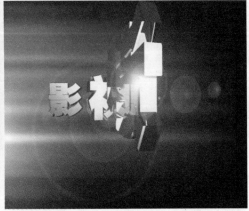

图12-111 视频效果

素材文件	无
效果文件	光盘\效果\第12章\影视频道.aep
视频文件	光盘\视频\第12章\实例098 导出节目片头视频.mp4

01 按【Ctrl+M】键，切换至"渲染队列"面板，单击"输出模板"选项右侧的"无损"超链接，如图12-112所示。

02 弹出"输出模块设置"对话框，单击"格式"选项右侧的下拉按钮，在弹出的列表框中选择"QuickTime"选项，如图12-113所示，单击"确定"按钮。

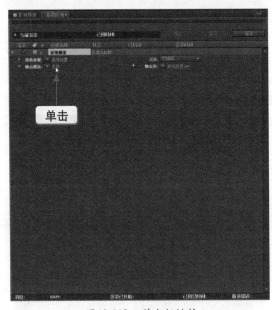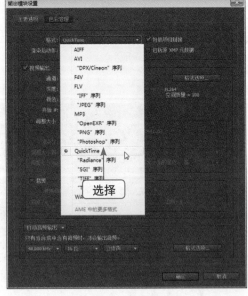

图12-112 单击超链接　　　　　　　　　　图12-113 选择相应选项

03 单击"输出到"右侧的"影视频道.mov"超链接，弹出"将影片输出到"对话框，在其中设置视频文件的保存位置和文件名，如图12-114所示，单击"保存"按钮。

04 返回"渲染队列"界面，单击面板右上角的"渲染"按钮，开始导出视频文件，并显示导出进度，稍后即可导出节目片头，如图12-115所示。

图12-114 设置位置和文件名

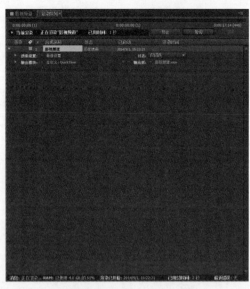

图12-115 导出节目片头

05 按小键盘上的【0】数字键预览最终效果，如图12-116所示。

图12-116 视频效果

13 节目片头特效
——《新闻5分钟》

学习提示

本章主要介绍节目片头——新闻5分钟的"5"片头特效的制作方法。本实例主要通过制作背景、素材动画、定版动画、红色动画、蓝色动画、粉色动画、绿色动画、黄色动画以及浅蓝色动画等，为综艺节目片头添加多姿多彩的效果。

本章关键实例导航

- 实例099 制作背景
- 实例100 制作素材动画
- 实例101 制作定版
- 实例102 制作定版动画
- 实例103 制作红色动画
- 实例104 制作蓝色动画
- 实例105 制作粉色动画
- 实例106 制作绿色动画
- 实例107 制作黄色动画
- 实例108 制作浅蓝色动画

Example 实例 099 制作背景

本实例主要学习纯白背景效果的应用。通过本实例的学习，读者可以深入了解纯白背景的制作方法。本实例最终效果如图13-1所示。

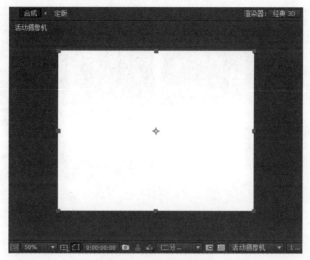

图13-1　视频效果

素材文件	无
效果文件	无
视频文件	光盘\视频\第13章\实例99　制作背景.mp4

01 按【Ctrl＋N】键，在弹出的"合成设置"对话框中，设置"合成名称"为"合成"、"宽度"为720px、"高度"为576px、"帧速率"为25、"持续时间"为（0:00:05:10）、"颜色"为黑色，单击"确定"按钮，如图13-2所示。

02 按【Ctrl＋Y】键创建一个新的固态层，设置"名称"为"背景"、"颜色"为白色，单击"确定"按钮，如图13-3所示。

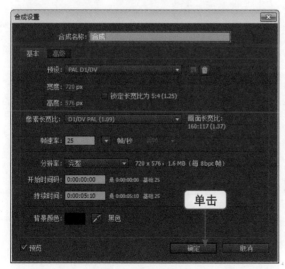

图13-2　创建合成

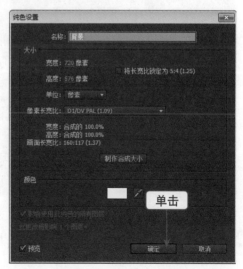

图13-3　新建固态层

在制作"素材动画"的过程中，主要运用了"色相/饱和度"和"Alpha遮罩"特效。本实例最终效果如图13-4所示。

图13-4 视频效果

素材文件	光盘\素材\第13章\[550000-550100].tga
效果文件	无
视频文件	光盘\视频\第13章\实例100 制作素材动画.mp4

01 按【Ctrl+N】键，在弹出的"合成设置"对话框中，设置"合成名称"为"定版"、"宽度"为720px、"高度"为576px、"帧速率"为25、"持续时间"为（0:00:04:01）、"颜色"为黑色，单击"确定"按钮，如图13-5所示。

02 按【Ctrl+I】键，在弹出的"导入文件"对话框中，选择[550000-550100].tga素材，单击"导入"按钮，如图13-6所示。

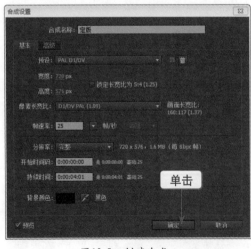

图13-5 创建合成

图13-6 导入素材

03 在"项目"面板中，选择[550000-550100].tga素材并将其拖曳到"定版"合成的时间线面板中，如图13-7所示。

04 选择[550000-550100].tga图层，按【Enter】键重新命名为"5定版"，如图13-8所示。

图13-7　拖曳素材

图13-8　重新命名

05　选择"5定版"图层，单击"效果"→"颜色校正"→"色相/饱和度"命令，添加"色相/饱和度"效果，如图13-9所示。

06　选择"5定版"图层，在"效果控件"面板中展开"色相/饱和度"选项区，选中"彩色化"复选框，设置"着色色相"为（0×+208.0°）、"着色饱和度"为75，效果如图13-10所示。

图13-9　添加"色相/饱和度"效果

图13-10　效果图

07　在"定版"合成的时间线面板中，使用星形工具绘制一个形状图层，如图13-11所示。

08　选择"形状图层1"图层，展开"形状图层1"选项区，单击"添加"按钮，在弹出的列表框中选择"矩形"选项，如图13-12所示。

09　在"定版"合成时间线面板中，隐藏"形状图层1"图层，依次展开"形状图层1"→"内容"→"多边星形"→"矩形路径1"；删除"多边星形路径1"选项，设置"大小"为（720.0,520.0）、"圆度"为20.0，如图13-13所示。

10　选择"5定版"图层，展开"轨道遮罩"选项区，设置该图层的"轨道遮罩"为"Alpha遮罩'形状图层1'"，按【P】键，设置"位置"为（400.0,340.0），效果如图13-14所示。

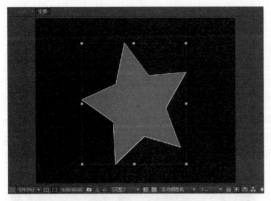

图13-11　绘制图层

图13-12　选择"矩形"选项

图13-13　设置参数

图13-14　效果图

⑪ 选择"5定版"图层，设置该图层入点在第09帧处的位置，如图13-15所示。

⑫ 按小键盘上的【0】数字键预览最终效果，如图13-16所示。

图13-15　设置图层入点

图13-16　视频效果

Example 实例 101 制作定版

　　在制作定版的过程中，主要运用了圆角矩形工具和"Alpha遮罩"特效。本实例最终效果如图13-17所示。

图 13-17　视频效果

素材文件	无
效果文件	无
视频文件	光盘\视频\第13章\实例101 制作定版.mp4

01 在"定版"合成时间线面板中，按【Ctrl＋Y】键新建一个固态层，在弹出的"纯色设置"对话框中，设置"名称"为"橘黄"、"宽度"为720像素、"高度"为576像素、"颜色"为橘黄色（FFA200），单击"确定"按钮，如图13-18所示。

02 选择"橘黄"图层，使用圆角矩形工具，给该图层绘制出一个"蒙版1"，如图13-19所示。

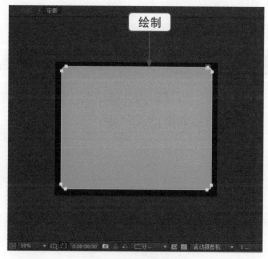

图 13-18　新建固态层　　　　　图 13-19　绘制蒙版

03 选择"形状图层1"图层，按【Ctrl＋D】键复制一个新图层，按【Enter】键重新命名为"形状图层2"，如图13-20所示。

04 选择"形状图层2"图层，放置在"橘黄"图层的上面，选择"橘黄"图层，展开"轨道遮罩"选项区，设置该图层的轨道遮罩为"Alpha遮罩'形状图层2'"，如图13-21所示。

05 按小键盘上的【0】数字键预览最终效果，如图13-22所示。

图13-20　复制新图层　　　　　　　　　图13-21　设置轨道遮罩

图13-22　视频效果

Example 实例 102　制作定版动画

在制作定版动画的过程中，主要运用了图层"位置"和"旋转"属性的设置方法。本实例最终效果如图13-23所示。

图13-23　视频效果

素材文件	无
效果文件	无
视频文件	光盘\视频\第13章\实例102　制作定版动画.mp4

01 在"合成"时间线面板中,单击"图层"→"新建"→"摄像机"命令,在弹出的"摄像机设置"对话框中,设置"名称"为"摄像机"、"预设"为"自定义",单击"确定"按钮,如图13-24所示。

02 在"项目"面板中,选择"定版"合成拖曳到"合成"时间线面板中,设置其图层的入点在第2秒16帧处的位置,如图13-25所示;选择"摄像机"图层,在第0帧处设置"位置"为(360.0,288.0,-1696.0),在第4秒处设置"位置"为(360.0,288.0,5248.0),按【A】键,设置"目标点"点(360.0,288.0,8000.0)。

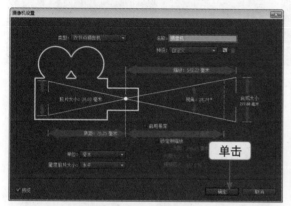

图13-24 创建摄像机　　　　　　图13-25 设置入点

03 选择"摄像机"图层,在第0帧处设置"Z轴旋转"为(0×+65.0°),在第4秒处设置"Z轴旋转"为(0×+0.0°),选择"定版"图层,打开该图层的三维图层,如图13-26所示。

04 选择"定版"图层,按【P】键,设置"位置"为(360.0,288.0,5920.0),如图13-27所示。

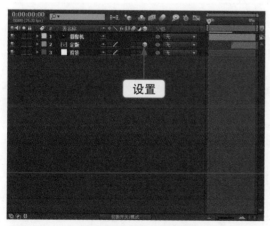

图13-26 打开三维图层　　　　　　图13-27 设置参数

05 选择"定版"图层,按【R】键,在第2秒16帧处设置"X轴旋转"为(0×+-290.0°),在第4秒处设置"X轴旋转"为(0×+0.0°),如图13-28所示。

06 选择"定版"图层,按【T】键,在第2秒16帧处设置"不透明度"为0%,在第2秒20帧处设置"不透明度"为100%,如图13-29所示。

图13-28　设置参数　　　　　　　　　　图13-29　设置参数

07 按小键盘上的【0】数字键预览最终效果，如图13-30所示。

图13-30　视频效果

Example 实例 103 制作红色动画

在制作红色动画的过程中，主要运用了图层"位置"和"旋转"属性的设置方法。本实例最终效果如图13-31所示。

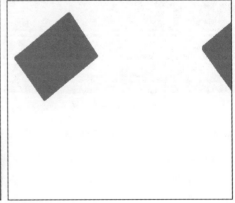

图13-31　视频效果

素材文件	无
效果文件	无
视频文件	光盘\视频\第13章\实例103　制作红色动画.mp4

01 按【Ctrl＋Y】键创建一个固态层，设置"名称"为"红色1"、"宽度"为720像素、"高度"为576像素、"颜色"为红色（FD0000），单击"确定"按钮，如图13-32所示。

02 选择"红色1"图层，使用鼠标左键双击工具栏上的圆角矩形工具，打开三维图层，按【P】键，设置"位置"为（160.0,1175.0,1836.0），效果如图13-33所示。

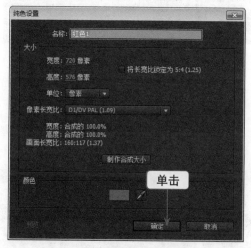

图13-32　创建固态层

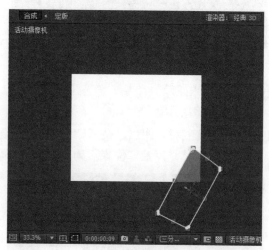

图13-33　效果图

03 选择"红色1"图层，按【R】键，在第05帧处设置"X轴旋转"为（0×＋－350°），在第3秒处设置"X轴旋转"为（0×＋0.0°），如图13-34所示。

04 选择"红色1"图层，按【T】键，在第0帧处设置"不透明度"为0%，在第05帧处设置"不透明度"为100%，如图13-35所示。

图13-34　设置参数

图13-35　设置参数

05 选择"红色1"图层，按【Ctrl＋D】键复制一个新图层，将其命名为"红色2"图层，如图13-36所示。

06 选择"红色2"图层,按【P】键,设置"位置"为(240.0,-385.0,6940.0),如图13-37所示。

图13-36　复制新图层　　　　　　　　　　图13-37　设置参数

07 选择"红色2"图层,在第07帧处的位置,按【[】键,设置为该图层的入点,如图13-38所示。

08 选择"红色2"图层,按【Ctrl+D】键复制一个新图层,将其命名为"红色3"图层,按【P】键,设置"位置"为(1285.0,665.0,4188.0),如图13-39所示。

图13-38　设置图层入点　　　　　　　　　图13-39　设置参数

09 选择"红色3"图层,在第12帧处的位置,按【[】键,设置为该图层的入点,如图13-40所示。

10 按小键盘上的【0】数字键预览最终效果,如图13-41所示。

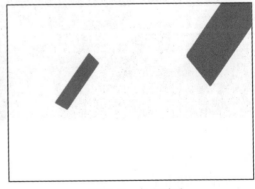

图13-40　设置图层入点　　　　　　　　　图13-41　视频效果

Example 实例 104 **制作蓝色动画**

在制作蓝色动画的过程中，主要运用了图层"位置"和"旋转"属性的设置方法。本实例最终效果如图13-42所示。

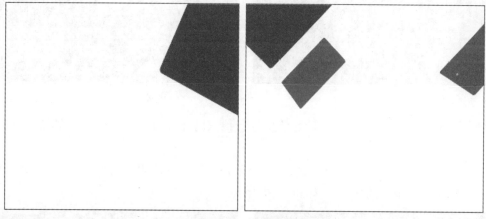

图13-42 视频效果

素材文件	无
效果文件	无
视频文件	光盘\视频\第13章\实例104 制作蓝色动画.mp4

01 按【Ctrl＋Y】键创建一个固态层，设置"名称"为"蓝色1"、"宽度"为720像素、"高度"为576像素、"颜色"为蓝色（0018FE），单击"确定"按钮，如图13-43所示。

02 选择"蓝色1"图层，使用鼠标左键双击工具栏上的圆角矩形工具，打开三维图层，按【P】键，设置"位置"为（976.0,725.0,1156.0），效果如图13-44所示。

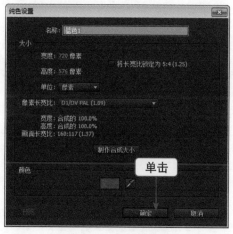

图13-43 创建固态层

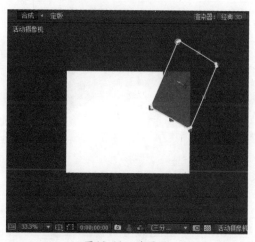

图13-44 效果图

03 选择"蓝色1"图层，按【R】键，在第0帧处设置"X轴旋转"为（0×＋－350°），在第2秒15帧处设置"X轴旋转"为（0×＋0.0°），如图13-45所示。

04 选择"蓝色1"图层，按【Ctrl＋D】键复制一个新图层，将其命名为"蓝色2"图层，按【P】键，设置"位置"为（480.0,－400.0,3532.0），如图13-46所示。

图13-45 设置参数

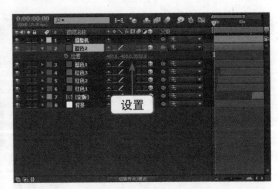

图13-46 设置参数

05 选择"蓝色2"图层,在第1秒处的位置,按【[】键,将其设置为该图层的入点,如图13-47所示。

06 选择"蓝色2"图层,按【T】键,在第1秒处设置"不透明度"为0%,在第1秒04帧处设置"不透明度"为100%,如图13-48所示。

图13-47 设置图层入点

图13-48 设置参数

07 按小键盘上的【0】数字键预览最终效果,如图13-49所示。

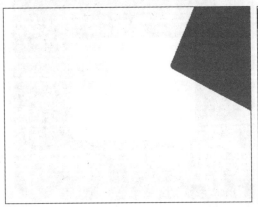

图13-49 视频效果

Example 实例 **105** **制作粉色动画**

在制作粉色动画的过程中,主要运用了图层"位置"和"旋转"属性的设置方法。本实例最终效果如图13-50所示。

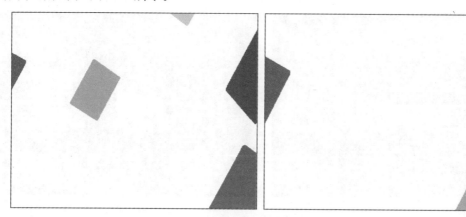

图13-50　视频效果

素材文件	无
效果文件	无
视频文件	光盘\视频\第13章\实例105　制作粉色动画.mp4

01 按【Ctrl＋Y】键创建一个固态层，设置"名称"为"粉色1"、"宽度"为720像素、"高度"为576像素、"颜色"为粉色（FE00EF），单击"确定"按钮，如图13-51所示。

02 选择"粉色1"图层，使用鼠标左键双击工具栏上的圆角矩形工具，打开三维图层，按【P】键，设置"位置"为（－100.0，－135.0，1376.0），效果如图13-52所示。

图13-51　创建固态层

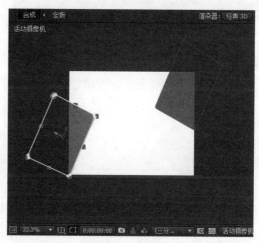

图13-52　效果图

03 选择"粉色1"图层，按【R】键，在第0帧处设置"X轴旋转"为（0×＋－350°），在第2秒处设置"X轴旋转"为（0×＋0.0°），如图13-53所示。

04 选择"粉色1"图层，按【Ctrl＋D】键复制一个新图层，将其命名为"粉色2"图层，按【P】键，设置"位置"为（1535.0，110.0，3792.0），如图13-54所示。

05 选择"粉色2"图层，在第08帧秒处的位置，按【[】键，将其设置为该图层的入点，如图13-55所示。

06 选择"粉色2"图层，按【T】键，在第08帧处设置"不透明度"为0%，在第12帧处设置"不透明度"为100%，如图13-56所示。

图13-53　设置参数

图13-54　设置参数

图13-55　设置图层入点

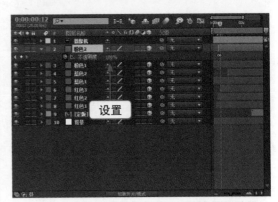

图13-56　设置参数

07 按小键盘上的【0】数字键预览最终效果，如图13-57所示。

图13-57　视频效果

Example 实例 106 制作绿色动画

在制作绿色动画的过程中，主要运用了图层"位置"和"旋转"属性的设置方法。本实例最终效果如图13-58所示。

图13-58   视频效果

素材文件	无
效果文件	无
视频文件	光盘\视频\第13章\实例106 制作绿色动画.mp4

01 按【Ctrl+Y】键创建一个固态层，设置"名称"为"绿色1"、"宽度"为720像素、"高度"为576像素、"颜色"为绿色（00FE18），单击"确定"按钮，如图13-59所示。

02 选择"绿色1"图层，使用鼠标左键双击工具栏上的圆角矩形工具，打开三维图层，按【P】键，设置"位置"为（-256.0,72.0,2240.0），效果如图13-60所示。

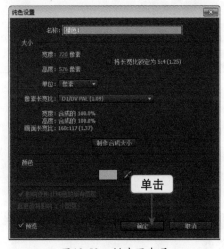

图13-59   创建固态层

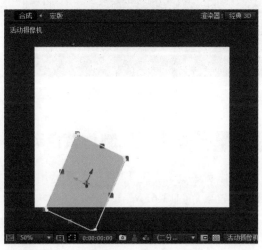

图13 60   效果图

03 选择"绿色1"图层，按【R】键，在第0帧处设置"X轴旋转"为（0×+-350°），在第2秒处设置"X轴旋转"为（0×+0.0°），如图13-61所示。

04 选择"绿色1"图层，按【Ctrl+D】键，复制一个新图层，将其命名为"绿色2"图层，按【P】键，设置"位置"为（1120.0,-500.0,5420.0），如图13-62所示。

05 选择"绿色2"图层，在第05帧处的位置，按【[】键，将其设置为该图层的入点，如图13-63所示。

06 按小键盘上的【0】数字键预览最终效果，如图13-64所示。

图13-61　设置参数

图13-62　设置参数

图13-63　设置图层入点

图13-64　视频效果

Example 实例 107　制作黄色动画

在制作黄色动画的过程中，主要运用了图层"位置"和"旋转"属性的设置方法。本实例最终效果如图13-65所示。

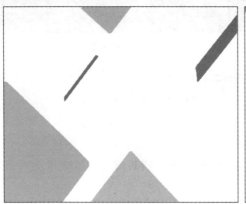

图13-65　视频效果

素材文件	无
效果文件	无
视频文件	光盘\视频\第13章\实例107 制作黄色动画.mp4

01 按【Ctrl+Y】键创建一个固态层，设置"名称"为"黄色1"、"宽度"为720像素、"高度"为576像素、"颜色"为黄色（FEAD00），单击"确定"按钮，如图13-66所示。

02 选择"黄色1"图层，使用鼠标左键双击工具栏上的圆角矩形工具，打开三维图层，按【P】键，设置"位置"为（-150.0,765.0,3224.0），效果如图13-67所示。

图13-66　创建固态层

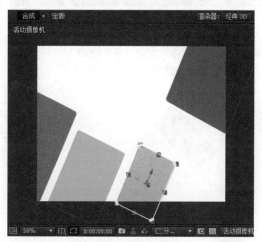

图13-67　效果图

03 选择"黄色1"图层，按【R】键，在第0帧处设置"X轴旋转"为（0×+-350°），在第2秒15帧处设置"X轴旋转"为（0×+0.0°），如图13-68所示。

04 选择"黄色1"图层，按【Ctrl+D】键复制一个新图层，将其命名为"黄色2"图层，按【P】键，设置"位置"为（735.0,-615.0,2656.0），如图13-69所示。

图13-68　设置参数

图13-69　设置参数

05 选择"黄色2"图层，在第08帧处的位置，按【[】键，将其设置为该图层的入点，如图13-70所示。

06 选择"黄色2"图层，按【T】键，在第08帧处设置"不透明度"为0%，在第12帧处设置"不透明度"为100%，如图13-71所示。

图13-70 设置图层入点 　　　　　　　　　图13-71 设置参数

07 按小键盘上的【0】数字键预览最终效果，如图13-72所示。

图13-72 视频效果

Example 实例 108 制作浅蓝色动画

在制作浅蓝色动画的过程中，主要运用了图层"位置"和"旋转"属性的设置方法。本实例最终效果如图13-73所示。

图13-73 视频效果

素材文件	无
效果文件	无
视频文件	光盘\视频\第13章\实例108 制作浅蓝色动画.mp4

01 按【Ctrl+Y】键创建一个固态层，设置"名称"为"浅蓝色1"、"宽度"为720像素、"高度"为576像素、"颜色"为浅蓝色（00EFFE），单击"确定"按钮，如图13-74所示。

02 选择"浅蓝色1"图层，使用鼠标左键双击工具栏上的圆角矩形工具，打开三维图层，按【P】键，设置"位置"为（650.0,520.0,7532.0），效果如图13-75所示。

图13-74 创建固态层

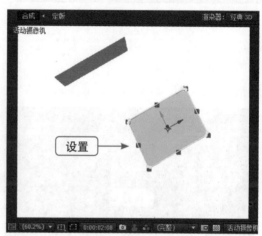

图13-75 效果图

03 选择"浅蓝色1"图层，按【R】键，在第0帧处设置"X轴旋转"为（0×+−350°），在第2秒10帧处设置"X轴旋转"为（0×+0.0°），如图13-76所示。

04 选择"浅蓝色1"图层，按【Ctrl+D】键复制一个新图层，将其命名为"浅蓝色2"图层，如图13-77所示。

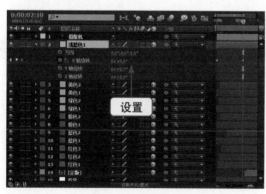

图13-76 设置参数

图13-77 复制图层

05 选择"浅蓝色2"图层，在第15帧处的位置，按【[】键，将其设置为该图层的入点，如图13-78所示。

06 选择"浅蓝色2"图层，按【T】键，在第15帧处设置"不透明度"为0%，在第19帧处设置"不透明度"为100%，如图13-79所示。

图13-78　设置图层入点　　　　　　　　　图13-79　设置参数

07 选择"浅蓝色2"图层，按【P】键，设置"位置"为（615.0,1365.0,4844.0），如图13-80所示。

08 按小键盘上的【0】数字键预览最终效果，如图13-81所示。

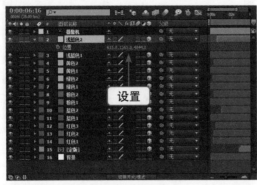

图13-80　设置参数　　　　　　　　　　图13-81　视频效果

附　录

插件Magic Bullet Mojo安装步骤：

01 进入插件安装文件所在的文件夹，使用鼠标左键双击要安装的插件，如图1所示。

02 执行操作后，稍等片刻，弹出相应对话框，进入Welcome界面，选择Modily选项，单击Next按钮，如图2所示。

图1　创建固态层

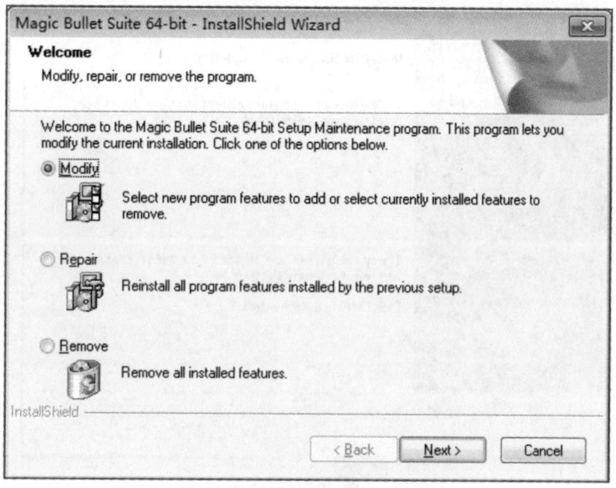

图2　选择Modily选项

03 执行上述操作后，在弹出相应对话框，进入Product列表中，选中Magic Bullet Looks和Magic Bullet Mojo复选框，单击Next按钮，如图3所示。

04 执行上述操作后，在弹出相应对话框中，进入Select Features界面，下拉列表选中Magic Bullet Suite For After Effects CC和Magic Bullet Suite For Premiere Pro CC复选框，单击Next按钮，如图4所示。

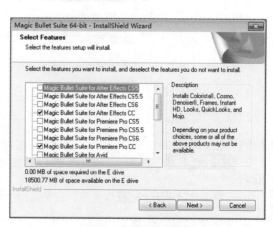

图3　选择相应选项

图4　选择相应选项

🔍 **专家课堂** ||||||||||||||||||||||||||||||||||||||||||||||||||||||||||||||||||||||||||||||||||||||||||||||||||||||||||

用户可以根据自己的需要，在Product下拉列表框中选中要安装插件名称前的复选框。

---

05 执行上述操作后，稍等片刻，在弹出相应对话框中，单击Finish按钮，如图5所示。

06 打开AE CC软件，添加刚才安装的插件效果，展开"效果控件"面板，单击Rigister链接，如图6所示。

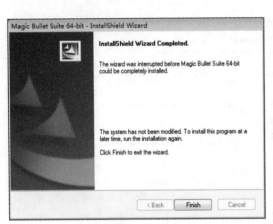

图5　单击Finish按钮　　　　　　　　　　　　图6　单击Rigister链接

07 弹出相应对话框，在ENTER SERIAL NUMBER文本框中，输入序列号，单击Done按钮，如图7所示。

图7　输入序列号

🔍 **专家课堂** ||||||||||||||||||||||||||||||||||||||||||||||||||||||||||||||||||||||||||||||||||||||||||||||||||||||||||

用户可以根据上述操作步骤，安装其他的插件。
